SUPER POPULAR DISHES FOR HOME BANQUET

中国美食烹饪大师 甘智荣 主编

超人气宴客菜

新疆人民出版总社
新疆人民卫生出版社

图书在版编目（CIP）数据

超人气宴客菜 / 甘智荣主编. -- 乌鲁木齐 : 新疆人民卫生出版社, 2016.6
（食在好味）
ISBN 978-7-5372-6567-6

Ⅰ. ①超… Ⅱ. ①甘… Ⅲ. ①菜谱 Ⅳ. ①TS972.12

中国版本图书馆CIP数据核字（2016）第112887号

超人气宴客菜

CHAO RENQI YANKECAI

出版发行 新疆人民出版总社
新疆人民卫生出版社
责任编辑 张 鸥
策划编辑 深圳市金版文化发展股份有限公司
版式设计 深圳市金版文化发展股份有限公司
封面设计 深圳市金版文化发展股份有限公司
地 址 新疆乌鲁木齐市龙泉街196号
电 话 0991-2824446
邮 编 830004
网 址 http://www.xjpsp.com

印 刷 深圳市雅佳图印刷有限公司
经 销 全国新华书店
开 本 173毫米×243毫米 16开
印 张 10
字 数 250千字
版 次 2016年9月第1版
印 次 2016年9月第1次印刷
定 价 29.80元

前言

大到生日宴、升学宴、结婚宴、满月宴等，小到三五知己日常聚会，宴客或被宴请，早已成了我们生活的一部分。在大小食肆遍地开花的时代，去酒楼、饭店宴请客人早已不是什么新鲜事，在家宴客却成了难能可贵的情谊。

从确定宴客人员和时间开始，逐步准备宴客菜单和食材，直至亲手做出一道道融进心思和情谊的菜品。准备和烹饪的过程虽然辛苦，但在与客人分享美食过程中，与客人的距离逐渐拉近，家的温馨、幸福之感也逐渐升级。在家宴客，不在于食材的高档和口味，更多的是一种难得的近距离交流。

本书从宴客的筹划和准备工作入手，既介绍了宴客的技巧和礼仪之道，又涵盖了丰富多样的宴客菜品，从餐前开胃凉菜、营养美味的宴客汤品，到镇桌主菜、精致佐菜，再到饭后甜品，不论是食材的选择还是具体制作步骤，点点面面，尽授于读者。不管是想要在家宴客，还是为日常饮食所用，本书皆是一本极其适宜的美食指导，能让你迅速成为宴客达人，享受轻松、自在的下厨时光。

丰富、美味、气派，餐厅有的，家宴有！经济、温馨、幸福，餐厅没有的，家宴也有！跟随本书，掌握在家宴客的技巧和常见宴客菜的制作方法，轻松玩转令人垂涎的丰盛家宴，烹制出一桌既营养均衡、色鲜味美又体面丰盛的筵席，让您的宾客们真正感受到宾至如归的亲切感，和亲朋好友们一起去品味美食的魅力，聊天南地北，找寻家的味道……展示的不仅是手艺，更是您独特的魅力。

目录

宴客之道
—巧手烹调宴客菜

Part 2

清爽凉菜
——开启美味盛宴

Part 3

营养宴客汤
——丰富餐桌、温暖味蕾

镇桌主菜

——美味升级，不舍停“筷”

精致佐菜
——不可抵挡的下饭美味

饭后甜品

——沁入心间的浓情蜜意

Part 1

宴客之道

——巧手烹调宴客菜

家宴，既有家的温暖务实，也有宴的隆重热烈。宴客菜单如何确定？如何轻松做出省时又美味的宴客菜？宴客时的座位又该如何安排？对于这些大大小小的宴客之道，您了解多少？一起走进本章，学习宴客之道，为宴客做好充足的准备吧！

宴客早筹划

宴客，俗称请客吃饭。也许是为了和好友相聚，也许是为了庆祝节日，也许是为了分享某件喜事，也许是为了表达对他人的感激之情……通过宴客我们可以联络双方的感情，拉近人与人之间的距离，扩大交友圈子。现代人为了贪图方便，越来越多的人选择在餐馆里宴客，而亲手烹饪一桌好菜来招待亲友是情意与心意的最高体现。

一想到要宴请客人，要向客人展示你作为主人的魅力与风采，心里是不是有些激动不安？想到怎么招待客人，是不是又有些茫然无措？

确定宴客人员和时间

宴客之前，我们要确定好宴客人员和宴客时间。宴客人员的确定，首先要明确此次宴客的主要目的，如果是为庆祝传统节日，那宴客的主要对象就是主要亲戚；如果只是朋友小聚，宴请的主要对象则是朋友；如果是为了工作上的事情，宴请的对象则可能是同事……确定了宴请的主要对象，那还需要考虑是否需要宴请其他人员作陪。在宴客人员方面，主人需尽可能考虑到客人的性格和爱好。如果客人之间毫无共同语言，外在形式上再怎么精致的一场家宴也会黯然失色。因此，主人应该考虑好哪些朋友适合请到一起，让他们彼此之间可以开怀畅谈。

确定宴客人员之后，可先与主要对象沟通，与其商量一个比较合适的时间。一般来说，周六晚上比较适合宴客，客人既有宽裕的时间来做客，又没有第二天要上班的压力。

在确定了宴客人员和时间之后，可当面或者通过电话把活动的目的、邀请人员、时间、地点等等告诉想要宴请的对象，然后等待对方答复，对方同意后再作活动安排。

列出菜单

宴客人员和时间确定后，你就可以开始着手准备宴客菜单了。一场宴席的好坏很大程度上取决于菜式的好坏，可以说成功的宴客要从确定菜单开始，列菜单的重要性可完全不逊于做出一桌好菜。

准备菜单之前，你需要了解客人的组成和饮食禁忌。如果客人中小孩比较多，那菜式可能需要简单、清淡和色彩多样，可安排几个适合小孩吃的菜；如果客人以老人为主，菜肴可以适当清淡、软烂一些；如果客人中男士比较多，佐菜的比例也可适当加大。

列菜单时，必须考虑客人的饮食禁忌，特别是要对主宾的饮食禁忌高度重视。例如，穆斯林通常不吃猪肉，并且不喝酒；素食主义者不太能接受荤菜；有心脏病、高血压者，不适合吃狗肉；胃肠炎、胃溃汤等消化系统疾病的人也不合适吃甲鱼。另外，不同地区，人们的饮食偏好往往不同，在安排菜单时要兼顾。比如，湖南人普遍喜欢吃辛辣食物，少吃甜食。用心准备客人爱吃的菜，既是对客人的尊重，也能让客人感受到你的情意。

其次，根据来客人数确定菜品数量。一般来说，菜品数量至少为出席人数的N+2，如有6人出席，至少应准备8道菜，8人出席至少应准备10道菜，以此类推。

最后，要注意菜品的搭配，尽量做到荤素搭配、干稀搭配、冷热搭配。为此，菜品的组成最好包括凉菜、汤、主菜、佐菜和饭后甜点，其中家庭宴客中主食通常是白米饭，通常无须特别准备，倘若能根据客人喜好准备些饺子、面点等主食就更好了。菜品中凉菜、汤、主菜、佐菜和饭后甜点的数量，可以按照1份凉菜+1份汤+（x）份主菜+（n-x-1）份佐菜+1份饭后甜点的比例进行安排，菜品总数通常为双数，如果宴客人数在6人以下，安排1道主菜即可；如果宴客人数为5～7人，1、2道主菜均可；如果宴客人数为8人以上，可安排3～4道主菜。另外，为了菜品丰富性，列菜单时，最好避免同一种食材出现在2道菜里。同时，在考虑菜单时还需适当考虑宴客成本，合理搭配不同档次的食材，这不仅可帮你节省宴客成本，还会给宴客档次加分不少！

在宴席中，为调动就餐气氛，偶尔需要准备一些酒水。用餐时可供选择的酒水有白酒，啤酒，葡萄酒，茶类饮料（普洱、菊花、香片等），碳酸饮料（可乐、雪碧、七喜等）和软性饮料（各种果汁、矿泉水等）。在酒的选择上，首先要尊重客人的喜好，爱喝啤酒的人，千万不要勉强他喝白酒；可为小孩、女性备一些果汁饮料。具体准备什么酒和饮品，可根据客人喜好灵活选择。

准备食材

菜单列好后就是准备食材了。由于部分食材，如干豆、干菌类需提前泡发，制作主菜的食材可能需要提前腌渍或清洗等，所以，需要在宴客前准备好所有的食材。

1. 提前备好宴客食材。干货可以提前购买，能够保存的食材也可以提前一天买齐，以防有些食材买不到，方便修改菜单。另外，需要注意，一些需当日采购的生鲜食品也最好提前一天和商家打听清楚第二天有没有货，或提前订货，并要做好万一买不到用其他食材替换的准备。

2. 干货最好提前发涨。海参一般需要浸泡3昼夜，海带需要泡发1昼夜，而墨鱼、香菇、腐竹只需要泡发几个小时即可，因此，宴客前可根据菜单，提前将需要用到的干货提前发涨好。不过，注意提前的时间以制作时间加泡发时间即可，以免食材泡太久产生有害物质或发烂。

3. 新鲜贝类需提前用清水喂养几日。贝类食材一般都含有泥沙，短时间浸泡很难清洗干净。如果准备制作贝类菜肴，可提前购买贝类，用清水喂养2 ~ 3天后再使用。

4. 提前准备好所需的蒜、葱等配料。如晚上宴客，上午就可以抽时间把蒜剥好、葱洗净切好、姜洗净切好。

5. 高汤最好前一天熬好。高汤在菜肴制作中有提鲜的作用，可以在宴客前1 ~ 2天将高汤熬制好，放在冰箱保鲜。

6. 蔬菜最好现买现做。蔬菜放置时间过久，营养成分流失，且口感也会大打折扣，需要用到的蔬菜最好宴客当天购买使用。

7. 根据菜单，提前处理肉类食材。如果肉类需要解冻，可根据气温，提前拿出来解冻；需要腌渍的肉类，可以根据具体需要提前切好、腌渍好；腊肉等食材，则需要提前用水煮好。

8. 如果某些食材需要特别刀工，也要提早准备。为了丰富餐桌，或制作菜肴的需要，可能会有雕花或对食材特殊的刀工处理，如鱿鱼一般需要切花刀，制作松子鱼则需要较熟练的刀工和提前准备好，以免正式烹调时手忙脚乱。

轻松宴客的技巧

宴客准备已经完毕，正式宴客前，是不是还有所顾虑，担心自己厨艺不精，还是客人较多有点应付不来？别担心，下面这些小技巧都会帮你从容应对。

烹调小技巧，让你更从容

1. 根据菜单，确定烹调顺序。需要花费时间比较长的菜例，可以提前处理，在蒸、煮间隙，再开始另外菜肴的准备，这样会比较节省时间。

2. 炖汤前，肉类食材最好先汆水；煲汤时，最好冷水下锅、一次加足水。

3. 凉菜、青菜最好现做现吃。凉菜最好当天拌制；青菜最好放在最后烹调，大火快炒即可出锅，能保证蔬菜营养和口感。

摆盘技巧，为宴席增色

即便是常用的家常菜，如果有特别的摆盘技巧，不但可以让美食给人留下深刻印象，更能够使你的个人魅力火速提升。

1. 选择餐具要符合食物特性。可以借助不同形状的餐具摆盘，例如鱼可以选一个椭圆形或鱼形的盘。

2. 增加一些切片装饰和摆花会让餐盘更特别。用小刀将黄瓜和胡萝卜切成半圆形的片，或雕刻成花，可以为餐桌增色不少；在菜肴上摆上香菜叶、芹菜叶，或撒一点葱丝、红椒丝，也是不错的选择。

3. 注意颜色搭配。一个菜品含有 2 种中性颜色或 2 ~ 3 种亮色的食物时，会更引人注目。当一道菜里有各种蔬菜搭配时，一般需突出一种颜色。

简单易学的宴客礼仪

美食已经准备就绪，接下来只等客人到来，熟悉简单的宴客礼仪，既使客人感到亲切、自然、热情，也会使自己显得有礼、有情、有面儿。我们来看看有哪些不可不知的宴客礼仪吧！

客人到来之前，在准备美食之余，如果能给客厅、餐桌一些简单的装饰，会为你的宴客提升不少档次。可以在餐桌、茶几上摆放一些鲜花或水培植物，也可以为餐桌铺上桌布，不仅有助于增进食欲，也方便宴客后卫生和整理。在此基础上，还可以提前摆放好桌椅和餐具，这样会让就餐更从容。

宴客，座位的安排也比较重要。总的来讲，座次是“尚左尊东”“面朝大门为尊”。若是圆桌，则正对大门的为主客，主客左右两边的位置，则以离主客的距离来看，越靠近主客位置越尊，相同距离则左侧尊于右侧。若为八仙桌，则正对大门一侧的右位为主客；如果不正对大门，则面东的一侧右席为首席。如果是正式的家宴，可以根据客人的年龄、身份安排，辈份最高或年龄最长者要坐在最里面面向门口的显要位置；接下来可按辈份或年龄依次一左一右地排列；朋友聚会一般是主宾在上首，主人在下首（上菜口处），两侧为陪客，如果是关系非常亲密的朋友可以随意而坐，不必拘泥于座次。

当客人落座完毕，接下来就是上菜了。一般先上凉菜，其次是主菜、佐菜，最后是汤羹和甜点。出于健康的考虑，通常会在凉菜之后上汤羹，然后再上主菜。上菜时，最好从主人旁边端菜，以便主人摆菜，菜上好后主人要主动热情地招待客人进食。

宴席中，主人应亲自为宾客或长辈斟酒或饮品，尽量选择一些大家都感兴趣的话题，让客人都参与进来。作为主人，宴席中尽量不要离席，如果有突发事件需要处理也要注意离席的时间，不可太久，以免影响客人进餐。

就餐完毕后，主人可为客人准备一些合适的茶饮、饭后甜点或水果，陪客人闲聊一会儿，直至客人道别离开。

Part 2

清爽凉菜

——开启美味盛宴

凉菜是一场宴席的『开场白』，一道好的开胃小菜，不但令人食欲大增，还能中和荤腻，小小的配角却起到了控制整场局面的重要作用。蔬菜、畜肉、禽蛋、水产……都可以做成清爽的凉菜，与客人一同分享，你准备好了吗？

5人份 泰和萝卜

烹饪时间　12小时20分钟

[原料]

去皮白萝卜............185克
剁椒..........................40克
甘草..........................10克

[调料]

盐.................................3克
白糖..............................3克
陈醋.........................8毫升
生抽.........................6毫升

扫一扫，看视频

[做法]

1 白萝卜修齐整，切成厚片，再切粗条，改切成长度相等的条形。

2 往白萝卜中撒上盐，充分拌匀，腌渍10分钟；将白萝卜腌渍出来的水分滤出。

3 取一碗，倒入白萝卜、甘草、剁椒，拌匀，加入白糖、陈醋、生抽，将食材搅拌均匀。

4 盖上保鲜膜，封严，放入冰箱冷藏12小时左右。

5 从冰箱中取出白萝卜，撕下保鲜膜，摆放在盘中即可。

4人份 三丝一果

烹饪时间 4分钟

做法

1 洋葱对切开，再切成丝；土豆切成片，再切丝。

2 锅中注水汆煮土豆丝至断生，沥干待用。

3 锅中注油，烧至七成热，倒入土豆丝，炸至金黄色，捞出沥干油分。

4 取一个碗，放入洋葱丝、香菜碎、盐、生抽、白糖、陈醋，倒入花生米，搅拌片刻至入味。

5 将土豆丝铺平，倒入拌好的食材即可。

原料

去皮土豆……200克
洋葱……110克
花生米……20克
香菜碎……20克

调料

白糖……3克
生抽……5毫升
陈醋……5毫升
食用油……适量
盐……适量

爽口凉拌菜

烹饪时间 3分钟

[原料]

去皮胡萝卜……85克
黄瓜……70克
红椒……45克
蒜末……少许
香菜……少许

[调料]

盐……1克
鸡粉……1克
白糖……2克
生抽……5毫升
橄榄油……适量

扫一扫 看视频

[做法]

1 将备好的胡萝卜、黄瓜、红椒分别切丝；洗净的香菜切小段。

2 锅中注水烧开，倒入胡萝卜丝，汆至断生，捞出，沥干待用。

3 将红椒丝倒在胡萝卜丝上，放入黄瓜丝、香菜段。

4 加入盐、鸡粉、白糖、生抽、橄榄油、蒜末，拌匀至入味，装入盘中即可。

香卤蒜味杏鲍菇

烹饪时间 28分钟

做法

1 将大蒜去头，拍扁；洗净的杏鲍菇切粗条。

2 热锅注油烧热，放入杏鲍菇，炸约2分钟至金黄色，捞出待用。

3 用油起锅，放入大蒜，爆香，加入高汤、老抽、盐、杏鲍菇，搅匀，加盖，用大火煮开后转小火卤10分钟至熟软。

4 揭盖，加入鸡粉，搅匀调味，继续卤15分钟至入味。

5 夹出卤好的杏鲍菇，摆盘，浇上卤汁，放上洗净的香菜即可。

原料

杏鲍菇……300克
高汤……500毫升
大蒜……10克
香菜……少许

调料

盐……2克
鸡粉……1克
老抽……3毫升
食用油……适量

香卤千张卷

烹饪时间　27 分钟

原料

千张卷……270 克
黄瓜……25 克
香叶……少许
八角……少许
花椒……少许
草果……少许
桂皮……少许
姜片……少许
葱条……少许

调料

盐……2 克
白糖……3 克
生抽……适量
老抽……适量
食用油……适量

做法

1 用油起锅，放入姜片，爆香，加入八角、花椒、草果、桂皮、香叶，炒匀，注入适量清水，倒入葱条。

2 加入盐、生抽、老抽、白糖，放入千张卷加盖，大火烧开后转小火卤约 25 分钟至熟。

3 揭盖，取出卤好的千张卷，装入盘中，放凉待用。

4 将放凉后的千张卷切片。

5 将黄瓜摆放在盘中做装饰，放入千张卷，浇上少许卤汁即可。

五香肉

6人份

烹饪时间 1小时2分钟

原料

猪瘦肉……200克
八角……4个
桂皮……2片
花椒……10克
丁香……10克
茴香……10克
去皮生姜块……35克
小葱……1把

调料

白糖……3克
生抽……8毫升
料酒……5毫升
老抽……2毫升

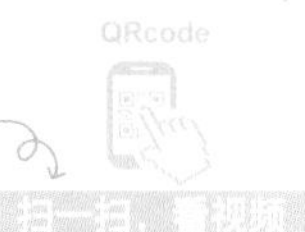

做法

1 砂锅置火上，注入适量的清水，放入洗好的瘦肉。

2 放入八角、花椒、桂皮、茴香、丁香、生姜块、小葱、料酒、生抽、老抽、白糖。

3 加盖，用大火煮开后转小火煮1小时至五香肉熟软入味。

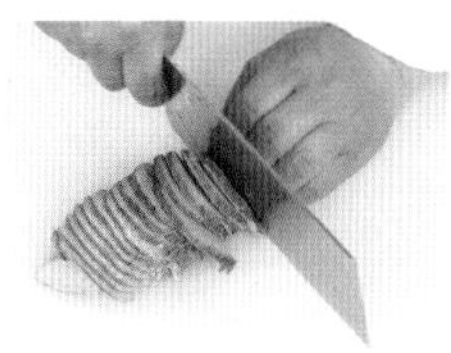

4 揭盖，关火后取出五香肉，切成片；将切好的肉片装盘，淋上少许锅中酱汁即可。

6人份

白煮肉

烹饪时间　32 分钟

原料

五花肉……400 克
大葱……50 克
姜片……30 克
八角……2 个
腐乳……30 克
葱花……30 克
香菜碎……15 克
蒜末……20 克

调料

韭菜花酱……40 克
鸡粉……1 克
料酒……3 毫升
生抽……3 毫升
辣椒油……3 毫升
芝麻油……适量

扫一扫，看视频

做法

1 沸水锅中放入洗净的五花肉，加入料酒，倒入大葱、姜片、八角。

2 加盖，用大火煮开后转小火续煮 30 分钟至五花肉熟软。

3 韭菜花酱中放入腐乳、蒜末、葱花、香菜碎，放入鸡粉、芝麻油、生抽、辣椒油，拌匀成酱料，待用。

4 揭盖，取出煮好的五花肉，装入盘中，放凉待用。

5 将放凉的五花肉切薄片，装盘，食用时蘸取酱料即可。

香辣卤猪耳

烹饪时间 1小时12分钟

做法

1 热锅注油烧热，倒入葱段、姜片爆香，倒入草果、香叶、桂皮、干沙姜、八角、花椒粒、豆瓣酱，拌炒。

2 注入500毫升清水，加入生抽、老抽、盐、白糖，拌匀。

3 加盖，大火煮开后转小火煮30分钟，倒入猪耳朵，拌匀。

4 加盖，转小火煮40分钟，捞出煮好的猪耳朵，放入盘中放凉。

5 将放凉的猪耳朵斜刀切片，摆放在盘中，浇上适量的卤水，放上香菜即可。

原料

猪耳朵……250克
香菜……少许
草果……2个
香叶……2片
桂皮……3克
花椒粒……3克
干沙姜……4克
八角……3个
葱段……少许
姜片……少许

调料

豆瓣酱……20克
生抽……10毫升
老抽……5毫升
盐……4克
白糖……4克
食用油……适量

3人份

辣拌牛舌

烹饪时间 2分钟

[原料]

熟牛舌……150克
红椒……15克
蒜末……5克

[调料]

盐……3克
鸡粉……2克
辣椒酱……少许
生抽……3毫升
芝麻油……适量
食用油……适量

扫一扫，看视频

[做法]

1 把洗净的红椒对半切开，去籽，切成细丝，再改切成粒。

2 熟牛舌对半切开，斜刀切成薄片，放入碗中。

3 加入适量盐、鸡粉、辣椒酱，淋入少许生抽，拌匀，放入蒜末、红椒，倒入适量芝麻油。

4 将食材拌约1分钟至入味，加入少许熟油，拌匀。

5 将拌好的牛舌盛入盘中即可。

五香卤牛肉

烹饪时间 1小时35分钟

[做法]

1 洗净的牛腱对半切开，倒入沸水锅中，汆片刻，去除血水；待牛腱转色后捞出，装盘待用。

2 热锅注油烧热，倒入姜片、八角、茴香、桂皮、陈皮、花椒粒、香叶、草果。

3 注入适量清水，倒入牛腱、干辣椒、香葱，拌匀，加入料酒、生抽、老抽。

4 撒上盐，拌匀，煮至沸腾，加盖，转小火焖1个半小时；揭盖，将牛腱捞出，放入盘中。

5 将稍微冷却的牛腱切成厚片，整齐摆放在盘中，浇上少许卤汁即可。

[原料]

牛腱……300克
八角……10克
桂皮……10克
干辣椒……10克
茴香……5克
陈皮……5克
花椒粒……8克
香叶……3片
草果……2个
姜片……少许
香葱……一把

[调料]

料酒……10毫升
生抽……10毫升
老抽……6毫升
盐……6克
食用油……适量

6人份 凉拌百叶

烹饪时间 3分钟

[原料]

牛百叶......130克
黄瓜......100克
香菜......少许
蒜末......少许
胡萝卜丝......30克

[调料]

盐......2克
鸡粉......2克
白糖......2克
生抽......5毫升
芝麻油......5毫升

[做法]

1 将洗净的黄瓜切成片，改切成丝；把洗净的牛百叶切条。

2 沸水锅中倒入牛百叶，汆片刻，去除杂质；将汆好水的牛百叶捞出，过凉水，待用。

3 取一碗，倒入牛百叶、黄瓜丝、胡萝卜丝、蒜末。

4 撒上盐、鸡粉、白糖，淋上生抽，倒入芝麻油，拌匀，放上香菜，拌匀。

5 将拌好的食材盛入盘中即可。

香葱红油拌肚条

烹饪时间 1 分钟

做法

1 将熟猪肚切成粗条。

2 取一个大碗，放入切好的猪肚条、葱段。

3 加入盐、鸡粉、生抽、白糖，淋入芝麻油、辣椒油。

4 用筷子充分搅拌均匀，使其入味。

5 将拌好的猪肚条装入盘中即可。

原料

葱段……30 克
熟猪肚……300 克

调料

盐……2 克
白糖……2 克
鸡粉……3 克
生抽……5 毫升
芝麻油……5 毫升
辣椒油……5 毫升

葱油拌羊肚

烹饪时间 5分钟

[原料]

熟羊肚……400克
大葱……50克
蒜末……少许

[调料]

盐……2克
生抽……4毫升
陈醋……4毫升
葱油……适量
辣椒油……适量

[做法]

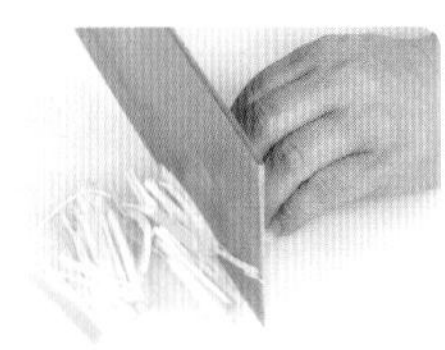

1 将洗净的大葱切开，改切成丝。

2 把熟羊肚切块，再切细条。

3 锅中注入适量清水烧开，放入羊肚条，煮至沸，捞出，装入碗中。

4 加入大葱、蒜末，放盐、生抽、陈醋、葱油、辣椒油，拌匀即可。

海蜇黄瓜拌鸡丝

烹饪时间　3 分钟

做法

1 洗净的黄瓜切片，改切成丝，摆盘整齐；熟鸡肉撕成丝。

2 热水锅中倒入洗净的海蜇，汆去杂质；待熟后捞出汆好的海蜇，沥干水分，装盘待用。

3 取一碗，倒入汆好的海蜇，放入鸡肉丝、蒜末。

4 加入盐、鸡粉、白糖、陈醋、葡萄籽油，将食材充分地拌匀。

5 往摆好盘的黄瓜丝上淋入生抽；将拌好的鸡丝海蜇倒在黄瓜丝上，放上香菜点缀即可。

原料

黄瓜……180 克
海蜇丝……220 克
熟鸡肉……110 克
蒜末……少许

调料

葡萄籽油……5 毫升
盐……1 克
鸡粉……1 克
白糖……1 克
陈醋……5 毫升
生抽……5 毫升

椒麻鸡片

烹饪时间　27 分钟

[原料]

鸡脯肉……………………250 克
黄瓜………………………190 克
花生碎……………………20 克
葱段………………………少许
姜片………………………少许
蒜末………………………少许
葱花………………………少许

[调料]

芝麻酱……………………40 克
鸡粉………………………2 克
盐…………………………4 克
白糖………………………3 克
料酒………………………4 毫升
辣椒油……………………3 毫升
花椒油、白醋….各 3 毫升
生抽、陈醋……..各 5 毫升

[做法]

1 将洗净的黄瓜对半切开，斜刀切成不断的花刀，再切段，装入碗中，加盐腌 5 分钟。

2 再加入白糖、白醋、生抽，将食材搅拌均匀。

3 开水锅中放入鸡脯肉、盐、料酒，搅拌片刻，倒入姜片、葱段，盖上盖，中火煮 20 分钟至熟透。

4 取一个碗，放入花生碎、芝麻酱、盐、鸡粉、生抽、陈醋、辣椒油、花椒油，注入少许清水，搅拌片刻，再加入蒜末、葱花，拌匀。

5 将腌好的黄瓜摆入盘中，摆上调好的椒麻汁。

6 掀开锅盖，将鸡肉捞出放凉，切成片，摆放在黄瓜上即可。

卤水鸭胗

5人份

烹饪时间 37分钟

做法

1 锅中注水烧开，放入洗净的鸭胗，汆去血渍。

2 淋上适量料酒，煮一会儿，去除腥味，捞出沥干。

3 锅置于火上，倒入备好的卤水汁，加入少许清水，放入姜片、葱结、鸭胗、盐。

4 盖上盖，大火烧开后转小火卤约35分钟，至食材熟透。

5 揭盖，捞出鸭胗，放凉后切小片，摆放在放有生菜叶的盘中即可。

原料

鸭胗……250克
生菜叶……少许
姜片……少许
葱结……少许
卤水汁……120毫升

调料

盐……3克
料酒……4毫升

红油皮蛋拌豆腐

烹饪时间　2 分钟

[原料]

皮蛋……2 个
豆腐……200 克
蒜末……少许
葱花……少许

[调料]

盐……2 克
鸡粉……2 克
陈醋……3 毫升
生抽……3 毫升
红油……6 毫升

扫一扫 看视频

[做法]

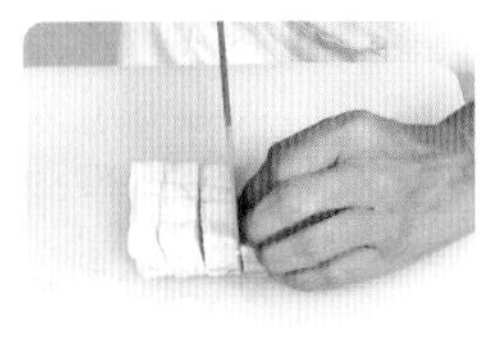

1 将洗好的豆腐切成小块；去皮的皮蛋切成瓣，装盘备用。

2 取一个碗，倒入蒜末、葱花，加入少许盐、鸡粉、生抽。

3 淋入少许陈醋、红油，调匀，制成味汁。

4 将切好的豆腐放在皮蛋上，浇上调好的味汁，撒上葱花即可。

五彩银针鱿鱼

烹饪时间　5分钟

[做法]

1 处理干净的鱿鱼切成两块，再切小条；泡好的黑木耳切碎。

2 锅中注入适量清水烧开，倒入切好的鱿鱼条、木耳碎、黄豆芽、红椒丝，汆至食材断生。

3 捞出汆好的食材，沥干水分，装碗待用。

4 取一个大碗，放入备好的洋葱丝、黄瓜丝。

5 加入盐、白糖、生抽、芝麻油，充分拌匀至食材入味，将拌匀的食材装盘即可。

[原料]

鱿鱼……150克
黄豆芽……50克
水发黑木耳……20克
洋葱丝……15克
红椒丝……30克
黄瓜丝……30克

[调料]

鱿鱼……150克
黄豆芽……50克
水发黑木耳……20克
洋葱丝……15克
红椒丝……30克
黄瓜丝……30克

水晶鱼冻

烹饪时间　1 小时 2 分钟

原料

草鱼肉……150 克
鲜虾仁……50 克
姜汁……3 毫升

调料

盐……3 克
料酒……4 毫升

做法

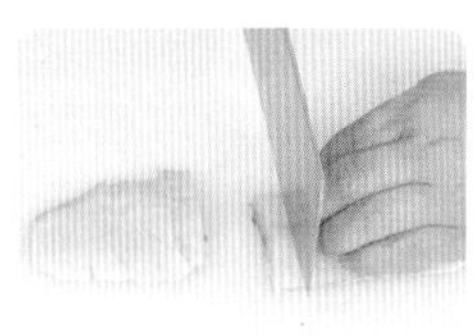

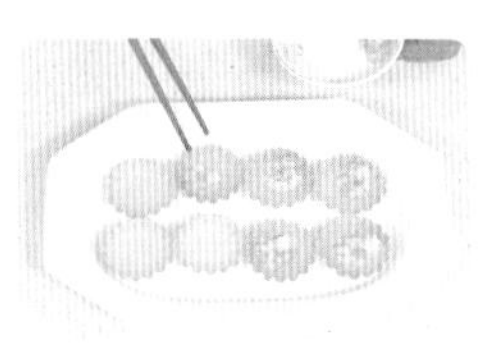

1 将处理好的草鱼肉切成段；开水锅中倒入虾仁，汆至转色，捞出。

2 锅中注水烧开，倒入鱼段，加入盐、料酒，拌匀，加盖，煮 20 分钟。

3 揭盖，用大勺子将鱼肉压碎，小火煮 10 分钟，加入姜汁，拌匀，将汤汁滤入碗中。

4 将汤汁装入模具中，逐一放入虾仁；把模具放入冰箱冷藏半小时，取出脱模即可。

凉拌八爪鱼

烹饪时间 5分钟

[做法]

1 锅中注水烧开，放入备好的八爪鱼，淋入料酒，搅拌片刻。

2 盖上锅盖，汆至断生；掀开锅盖，将八爪鱼捞出，沥干水分，放凉后切成小块，备用。

3 将八爪鱼装入碗中，放入盐、生抽、胡椒粉，拌匀，倒入蒜末、姜末、葱花、红椒粒，拌匀。

4 热锅注油，烧至八成热，将热油盛出浇在八爪鱼上，搅拌匀。

5 把八爪鱼装入盘中即可食用。

[原料]

八爪鱼……230克
红椒粒……35克
姜末……少许
蒜末……少许
葱花……少许

[调料]

生抽……5毫升
盐……2克
料酒……4毫升
胡椒粉……少许
食用油……适量

醋香芹菜蜇皮

烹饪时间　5 分钟

[原料]

海蜇皮......................250 克
芹菜..........................150 克
香菜..............................少许
蒜末..............................少许

[调料]

生抽.......................... 5 毫升
陈醋.......................... 5 毫升
芝麻油...................... 5 毫升
辣椒油...................... 4 毫升
白糖..............................2 克
盐..................................适量
食用油..........................适量

[做法]

1 洗好的芹菜切成相同长度的段。

2 锅中注入适量清水烧开，倒入海蜇皮，搅匀，煮至断生，捞出，沥干待用。

3 沸水中再加入少许的盐、食用油，倒入芹菜，搅匀，焯煮片刻。

4 将芹菜捞出，沥干水分，摆入盘中。

5 取一个碗，倒入海蜇皮、蒜末，放入生抽、陈醋、白糖、芝麻油、辣椒油，搅匀，倒入香菜，搅拌片刻。

6 将拌好的海蜇皮倒在芹菜上即可。

5人份 中华海蜇

烹饪时间 4分钟

[做法]

1 开水锅中放入洗净的海蜇，汆至断生，捞出，放入凉水中浸泡片刻，捞出。

2 备好盘子，将洗净的生菜叶垫在盘底，放入泡凉沥干水的海蜇，待用。

3 碗中放入剁椒酱、蒜末、熟芝麻、生抽、盐、白糖、陈醋、辣椒油、芝麻油。

4 将材料搅匀成调料汁，将调料汁淋在海蜇上，放上洗净的香菜即可。

[原料]

海蜇……200克
生菜叶……30克
熟芝麻……3克
蒜末……8克
香菜……2克

[调料]

盐……2克
白糖……2克
剁椒酱……15克
生抽……3毫升
陈醋……3毫升
辣椒油……3毫升
芝麻油……3毫升

冰镇海参

烹饪时间　6 分钟

[原料]

海参……………………250 克
黄瓜……………………100 克
橙子……………………130 克
高汤……………………500 毫升

[调料]

鸡粉……………………适量
盐………………………适量

[做法]

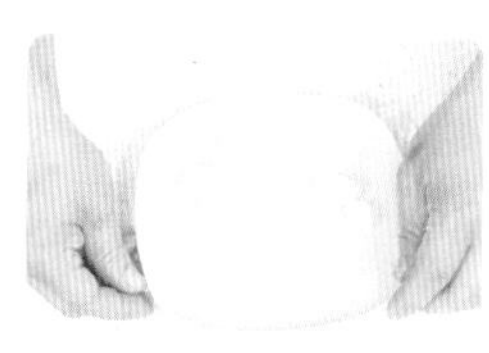

1 洗净的黄瓜切段，再切条；橙子切瓣，去皮；海参切去杂质部分，切片，再切条。

2 将高汤倒入锅中，放入适量盐，搅拌匀，盖上盖，大火煮沸后再续煮 3 分钟。

3 揭盖，放入海参，稍稍搅拌，待海参煮熟，放入鸡粉，搅拌调味；关火，捞出海参。

4 将冰块倒入盘中，盖上一层保鲜膜，在四角摆上橙子，再将黄瓜、海参交叉摆放在盘中即可。

Part 3

营养宴客汤

——丰富餐桌、温暖味蕾

作为宴客菜的第二个环节——营养宴客汤，在丰富餐桌的同时，往往能带给人不一样的味蕾温暖。『以心入味，以手化食，以食悦人，以人悦己』，这便是烹饪的魅力。学做美味的宴客汤品，感悟烹饪的魅力，分享美食的喜悦。

养生菌王汤

烹饪时间　34 分钟

原料

金针菇……100 克
草菇……80 克
香菇……75 克
水发牛肝菌……60 克
葱段……少许
姜片……少许
香菜……少许

调料

盐……2 克
胡椒粉……2 克
鸡粉……1 克
食用油……适量

做法

1 将洗净的金针菇切去根部，洗好去蒂的香菇切片，草菇对半切开。

2 锅中注水烧开，放入切好的草菇、香菇，汆至断生，捞出待用。

3 用油起锅，放入葱段、姜片，倒入牛肝菌，炒出香味。

4 放入汆好的草菇、香菇，炒匀，注入适量清水。

5 加盖，用大火煮开后转小火续煮 30 分钟至汤汁入味。

6 揭盖，放入金针菇，拌匀，加盐、鸡粉、胡椒粉，搅匀调味，煮约 2 分钟，盛出装碗，撒上香菜即可。

拼三鲜

烹饪时间 2小时10分钟

[做法]

1 韭黄、菠菜切段；土豆去皮切块，用水泡10分钟；鸡肉斩小块；五花肉切块；水煮猪肉丸表面上划几刀，但不划断。

2 开水锅中放入羊肉，加盖煮60分钟，泡好的土豆沥干水分，放入热油锅中，炸5分钟，捞出。

3 锅烧热，放入五花肉、料酒、生抽，加水、盐、白糖，焖30分钟；捞出羊肉和五花肉，羊肉切小块。

4 开水锅中放入所有食材，加盐、胡椒粉，拌匀，盛出装碗即可。

[原料]

汆过水的五花肉....150克
羊肉....200克
鸡肉....100克
水煮猪肉丸....100克
炸猪肉丸....80克
海带丝....30克
木耳....30克
韭黄....30克
菠菜....30克
粉皮....60克
土豆....120克
姜片....若干

[调料]

盐、白糖....各5克
胡椒粉....3克
料酒、生抽....各3毫升
食用油....适量

薏米茶树菇排骨汤

烹饪时间 1小时3分钟

原料

排骨……280克
水发茶树菇……80克
水发薏米……70克
香菜……少许
姜片……少许

调料

盐……2克
鸡粉……2克
胡椒粉……2克

做法

1 将泡好的茶树菇切去根部，对切成长段。

2 锅中注水烧开，倒入处理好的排骨，汆去血水，捞出待用。

3 砂锅中注水烧开，倒入排骨、薏米、茶树菇、姜片，拌匀，加盖，煮约1小时。

4 揭盖，加入盐、鸡粉、胡椒粉，搅拌调味，关火后盛出，撒上香菜即可。

8人份 双莲扇骨汤

烹饪时间 45分钟

原料

去皮莲藕……300克
鲜莲子……40克
猪扇骨……500克
蜜枣……15克
姜片……少许

调料

盐……1克
鸡粉……1克

做法

1 将洗净去皮的莲藕切块。

2 锅中注水烧开，倒入洗好的猪扇骨，汆2分钟，至去除血水及脏污。

3 捞出汆好的猪扇骨，装盘待用。

4 砂锅置火上，注入适量清水，倒入汆好的猪扇骨。

5 加入莲藕块、蜜枣、鲜莲子、姜片，将食材搅匀。

6 加盖，用大火煮开后转小火续煮40分钟至食材熟软。

7 揭盖，加入盐、鸡粉，搅匀调味，关火后盛出即可。

红枣山药炖猪脚

烹饪时间　1 小时 35 分钟

[原料]

猪蹄……230 克
红枣……30 克
去皮山药……80 克
姜片……少许

[调料]

冰糖……15 克
盐……1 克
鸡粉……1 克
胡椒粉……2 克
料酒……5 毫升

[做法]

1 洗好的山药切滚刀块，待用。

2 沸水锅中倒入猪蹄，淋入料酒，汆去血水和脏污，捞出。

3 砂锅中放入汆好的猪蹄、冰糖、适量清水，加盖，用大火煮开；揭盖，倒入洗净的红枣、姜片，拌匀。

4 加盖，再次煮开后转小火炖 30 分钟至食材微软。

5 揭盖，倒入切好的山药，搅匀，用大火煮开后转小火炖 60 分钟至食材熟软。

6 加入盐、鸡粉、胡椒粉，搅匀调味，关火后盛出即可。

清汤羊肉

烹饪时间 1小时35分钟

[做法]

1 热锅注水煮沸，放入羊排肉，汆2分钟，去除血水，捞出羊肉，待用。

2 沸水锅中放入姜片、小葱、料酒、盐，搅匀，放入羊排肉，煮沸。

3 转小火，搅动一会，盖上盖，煮1个小时；揭盖，捞出羊排肉，装盘待用。

4 戴上手套，将羊排肉的骨头和肉分离，取出骨头，待用。

5 将羊骨放入汤中，盖上盖，转小火煮30分钟；揭盖，放入适量胡椒粉，调味。

6 关火，将菜肴盛出，撒上香菜碎即可。

[原料]

羊排肉......................480克
葱段............................10克
香菜碎..........................5克
生姜片........................20克

[调料]

料酒..........................3毫升
盐..................................3克
胡椒粉..........................3克

白萝卜羊脊骨汤

烹饪时间 1小时3分钟

[做法]

1 洗净去皮的白萝卜切块；火腿切片；锅中注水烧开，倒入羊脊骨，汆去血水和杂质，捞出待用。

2 热锅注油烧热，倒入火腿片，翻炒香，倒入姜片、葱段、八角，快速翻炒匀。

3 加入适量清水，倒入羊脊骨、白萝卜，稍煮片刻，关火，将食材装入砂锅中，盖上盖，开大火煮沸；揭盖，撇去浮沫。

4 盖上盖，转小火煮1小时至熟透；揭盖，加盐、鸡粉、胡椒粉，搅拌调味，盛入碗中，撒上香菜即可。

[原料]

羊脊骨……185克
白萝卜……150克
金华火腿……50克
香菜……少许
葱段……少许
姜片……少许
八角……少许

[调料]

盐……3克
鸡粉……2克
胡椒粉……2克
食用油……适量

清润八宝汤

烹饪时间 2小时5分钟

[做法]

1 将洗净的胡萝卜切滚刀块；莲藕切粗条，改切成块。

2 沸水锅中倒入切好的排骨，汆去血水及脏污，捞出排骨，待用。

3 砂锅注水，倒入排骨，放入莲藕块、胡萝卜块、泡好的薏米。

4 加入百合、姜片、泡好的莲子、芡实、无花果，拌匀。

5 加盖，用大火煮开后转小火续煮2小时至入味；揭盖，加入盐，拌匀调味，关火后盛出煮好的汤，装碗即可。

[原料]

水发莲子……80克
无花果……4枚
水发芡实……95克
水发薏米……110克
去皮胡萝卜……130克
莲藕……200克
排骨……250克
百合……60克
姜片……少许

[调料]

盐……1克

黑木耳山药煲鸡汤

烹饪时间　1 小时 45 分钟

原料

去皮山药……100 克
水发木耳……90 克
鸡肉块……250 克
红枣……30 克
姜片……少许

调料

盐……2 克
鸡粉……2 克

做法

1 将洗净的山药切滚刀块。

2 锅中注入适量清水烧开，倒入洗净的鸡肉块，汆一会儿，去除血水及杂质。

3 捞出汆好的鸡肉，沥干水分，装盘待用。

4 取出电火锅，注入适量清水，倒入汆好的鸡肉块，放入切好的山药块，加入泡好的木耳，倒入洗净的红枣和姜片。

5 加盖，将电火锅旋钮调至“高”档，待鸡汤煮开，调至“低”档，续炖 100 分钟至食材有效成分析出。

6 揭盖，加入盐、鸡粉，拌匀，再煮片刻；断电，盛出鸡汤即可。

5人份 牛奶红枣炖乌鸡

烹饪时间 2小时10分钟

原料

乌鸡块……370克
牛奶……100毫升
红枣……35克
姜片……少许

调料

盐……2克
鸡粉……2克
白胡椒粉……适量

做法

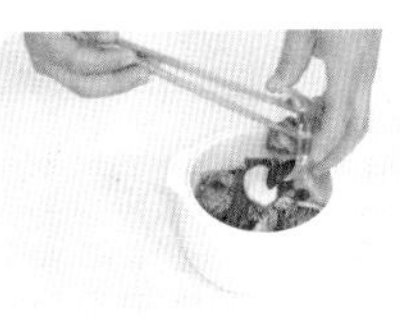

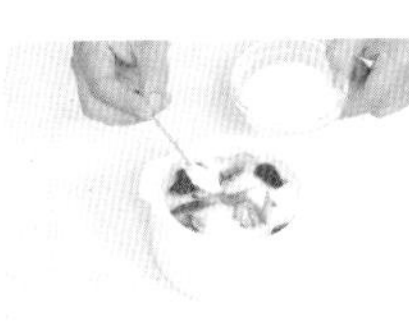

1 将红枣去枣核；开水锅中倒入乌鸡块，汆去血水和杂质，捞出待用。

2 取炖盅，倒入乌鸡块、姜片、红枣、牛奶，加适量清水至没过食材。

3 加入盐、鸡粉、白胡椒粉，拌匀，盖上盖。

4 电蒸锅中注水烧开，放入炖盅，蒸2小时，取出炖盅即可。

白果老鸭汤

烹饪时间 1 小时 10 分钟

[原料]

鸭肉块......................350 克
白果仁......................100 克
姜片..............................6 克

[调料]

料酒........................20 毫升
盐..................................2 克

[做法]

1 锅中注水烧开，放入白果仁，煮约 1 分钟至断生，捞出待用。

2 另起锅，注水烧开，放入洗好的鸭肉块，汆去腥味和脏污，捞出待用。

3 锅中倒入汆好的鸭肉块，注入适量清水，开火，煮至略微沸腾，加入姜片、料酒，搅匀。

4 煮至沸后掠去浮沫，加盖，用小火炖 1 小时至食材熟软。

5 揭盖，加入白果，煮沸后用小火炖 5 分钟至白果熟软。

6 揭盖，加入盐，搅匀调味。

7 关火后盛出汤品，装碗即可。

白参乳鸽汤

烹饪时间　2 小时 40 分钟

原料

净乳鸽……1 只
白参……25 克
枸杞……少许
姜片……少许

调料

盐……2 克
鸡粉……2 克
胡椒粉……少许

做法

1 将乳鸽处理干净，再斩成小件。

2 锅中注入水烧开，放入乳鸽，汆去血渍，捞出待用。

3 砂锅中注入适量清水，大火烧热，倒入之前汆好的乳鸽。

4 放入备好的白参，撒上适量姜片，倒入洗净的枸杞，搅散。

5 盖上盖，烧开后转小火煲煮约150分钟，至食材熟透。

6 揭盖，加入盐、鸡粉、胡椒粉，拌煮一会儿，至汤汁入味，盛出装碗即可。

竹报平安煲

烹饪时间 1 小时 10 分钟

[原料]

排骨……250 克
竹笋……100 克
去皮山药……100 克
水发海参……150 克
去皮芋头……150 克
高汤……1000 毫升
去皮板栗……50 克
蜜枣……3 个
水发干贝……20 克
当归……3 克
黄花……5 克
蒜末……5 克

[调料]

盐……2 克
食用油……适量

[做法]

1 洗净的竹笋去薄皮，切片；山药切片；芋头切片；泡好的海参切片。

2 用油起锅，爆香蒜末，放入排骨，煎炒 3 分钟，倒入泡干贝，翻炒片刻。

3 注入高汤，放入切好的芋头片、竹笋片、山药片、海参片。

4 倒入蜜枣、板栗、黄花、当归，搅匀，煮约 2 分钟至沸腾。

5 加入盐，搅匀调味，关火后将食材盛入炖盅里，封上保鲜膜。

6 电蒸锅中注水烧开，放入炖盅，蒸 1 小时，取出蒸好的汤品，撕开保鲜膜即可。

三珍龙凤羹

烹饪时间　5 分钟

做法

1 洗净的金针菇切三段；猴头菇去根，斜刀切片；洗净的香菇去柄，切条；虾仁剁碎；鸡脯肉剁成碎。

2 取一碗，放入鸡脯肉、虾仁末、盐、胡椒粉、姜汁，加入 10 毫升高汤，倒入鸡蛋清、生粉，充分拌匀。

3 将剩下的高汤倒入锅中，倒入香菇、猴头菇，煮至沸，倒入鸡脯肉、虾仁、金针菇，搅匀。

4 加入盐、鸡粉、胡椒粉，充分拌匀至入味，盛出装碗，撒上香菜即可。

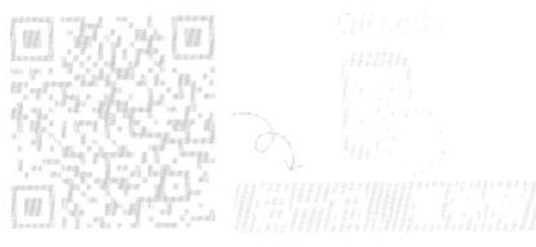

原料

水发猴头菇……50 克
金针菇……50 克
水发香菇……50 克
鸡蛋清……50 克
虾仁……60 克
鸡脯肉……180 克
高汤……300 毫升
生粉……20 克
香菜……适量

调料

盐……3 克
鸡粉……3 克
胡椒粉……3 克
姜汁……适量

5 人份

七星鱼丸

烹饪时间　8 分钟

原料

草鱼肉茸……150 克
虾肉茸……40 克
猪肉末……120 克
玉米淀粉……50 克
蛋清……少许
葱花……少许

调料

盐……2 克
鸡粉……2 克
胡椒粉……2 克
芝麻油……3 毫升
料酒……5 毫升

做法

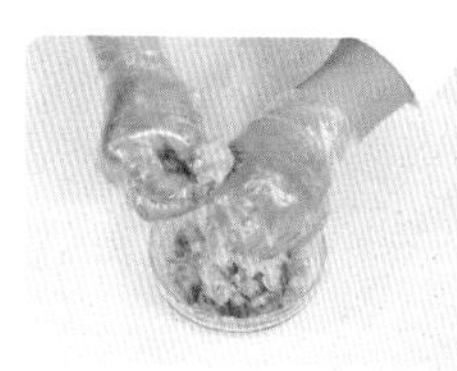

1 取一碗，倒入鱼肉茸、猪肉、虾肉茸、盐、鸡粉、胡椒粉、料酒，拌匀。

2 倒入蛋清，撒上玉米淀粉，搅拌至上劲，将拌好的材料用手捏成数个小丸子。

3 锅中注入适量清水，大火烧开，放入小丸子，煮至浮起，撒上盐，拌匀调味。

4 关火后将煮好的食材盛入备好的碗中，淋上适量的芝麻油，撒上葱花即可。

汤爆鲤鱼

烹饪时间　10 分钟

做法

1 方火腿切片；处理好的冬笋切片；香菇去蒂，切片；处理好的鲤鱼切去鱼头，斜刀将鱼身切成段，摆入盘中。

2 开水锅中放入冬笋、香菇、方火腿，拌匀至煮沸，加入盐、鸡粉、白胡椒粉，搅拌调味。

3 将煮好的汤浇在鱼身上，撒上姜片、葱段，再封上保鲜膜，待用。

4 电蒸锅注水烧开，放入鲤鱼，盖上盖，蒸 8 分钟至熟；揭盖，将鲤鱼取出，去除保鲜膜，撒上香菜即可。

原料

鲤鱼……500 克
方火腿……80 克
冬笋……40 克
香菇……25 克
姜片……少许
葱段……少许
香菜……少许

调料

盐……2 克
鸡粉……2 克
白胡椒……适量

奶汤鱼火锅

烹饪时间 20分钟

原料

鲤鱼……725克
五花肉、豆腐…各100克
白萝卜、菠菜…各100克
虾米……5克
冬笋、大葱段……各15克
干粉丝……50克
金华火腿……10克
鲜香菇、香菜……各10克
小麦面粉……25克
生姜……8克
奶汤……适量

调料

盐……3克
胡椒粉……3克
黄酒……25毫升
食用油……适量

做法

1 将鲤鱼洗净，双面划一字花刀，加盐、黄酒，腌渍10分钟。

2 白萝卜去皮，切片；金华火腿、五花肉切薄片；冬笋切薄块；香菇切小块；菠菜对半切长段；豆腐切成小块。

3 将腌好的鲤鱼放入热油锅中，煎5分钟，捞出。

4 热锅放入五花肉块，煸炒2分钟，放入姜片、小麦面粉，注入奶汤，煮沸，放入切好的食材、虾米，拌匀。

5 加入盐、胡椒粉，拌匀，煮3分钟至熟。

6 干锅中放入鲤鱼，倒入煮好的一半食材，放入粉丝、菠菜，再倒入剩余的食材和汤汁，放上香菜即可。

清炖田鸡

烹饪时间 20 分钟

[做法]

1 洗净的草菇切片；五花肉去皮切片；处理好的田鸡装碗，加盐、鸡粉、料酒、胡椒粉、水淀粉，拌匀，腌渍 10 分钟至入味。

2 锅中注入适量清水烧开，倒入草菇，搅拌匀，汆片刻，捞出待用。

3 热锅注油烧热，倒入五花肉，翻炒至转色，加入姜片、葱段，快速翻炒出香味。

4 加入田鸡，翻炒匀，淋上料酒、生抽、水，倒入草菇，加盐、鸡粉，拌匀，略煮片刻后将田鸡盛入石锅中，继续加热，放上香菜叶即可。

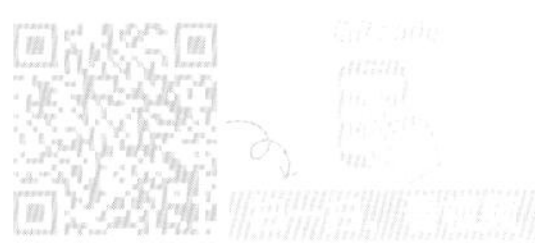

[原料]

田鸡块……240 克
五花肉……110 克
草菇……80 克
香菜……少许
葱段……少许
姜片……少许

[调料]

盐……2 克
鸡粉……2 克
生抽……5 毫升
料酒……5 毫升
胡椒粉……适量
食用油……适量

10人份 红参淮杞甲鱼汤

烹饪时间 1小时2分钟

[原料]

甲鱼块......................800克
桂圆肉..........................8克
枸杞..............................5克
红参..............................3克
淮山..............................2克
姜片...........................少许

[调料]

盐.................................2克
鸡粉..............................2克
料酒.......................4毫升

[做法]

1 砂锅中注入适量清水，大火烧开，倒入备好的姜片。

2 放入备好的红参、淮山、桂圆肉、枸杞、甲鱼块，淋入少许料酒，搅拌匀。

3 盖上砂锅盖，用小火煮约1小时，至锅中的材料熟软、入味。

4 揭盖，加入少许盐、鸡粉，搅拌均匀，续煮一会儿，至食材入味，盛出装碗即可。

莲藕章鱼花生鸡爪汤

烹饪时间 35 分钟

[做法]

1 洗净的莲藕切块，章鱼干切块。

2 开水锅中倒入排骨块，汆片刻，捞出，装盘待用。

3 将鸡爪倒入沸水锅中，汆片刻，捞出，装盘待用。

4 砂锅注入适量清水，倒入鸡爪、莲藕、章鱼干、排骨、眉豆、花生，拌匀。

5 加盖，大火煮开转小火煮 30 分钟；揭盖，加入盐，搅拌至入味，关火后盛出即可。

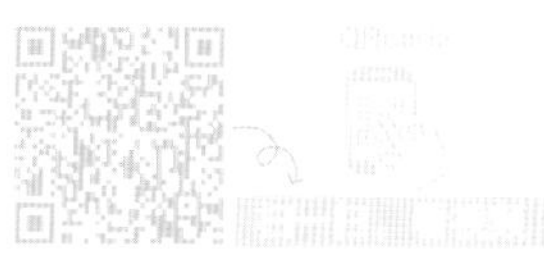

[原料]

章鱼干........................80 克
鸡爪..........................250 克
莲藕..........................200 克
水发眉豆.....................100 克
排骨块.......................150 克
花生...........................50 克

[调料]

盐..................................2 克

茄汁菌菇蟹汤

烹饪时间 10 分钟

[原料]

花蟹……200 克
西红柿……80 克
口蘑……40 克
杏鲍菇……50 克
芝士片……20 克
娃娃菜……200 克
葱段……适量
姜片……适量

[调料]

盐……2 克
鸡粉……2 克
胡椒粉……适量
食用油……适量

[做法]

1 将洗净的口蘑切片，杏鲍菇切成片状，娃娃菜切粗丝，西红柿切成丁。

2 锅中注水烧开，倒入口蘑、杏鲍菇，搅拌匀，捞出待用。

3 热锅注入食用油烧热，倒入葱段、姜片，爆香，加入处理好的花蟹，炒至转色。

4 加入西红柿，翻炒片刻，注入适量清水，煮至沸。

5 倒入汆好的食材，略煮片刻，撇去浮沫，加入娃娃菜、芝士片，搅拌匀，煮至软。

6 放入盐、鸡粉、胡椒粉，搅拌调味，关火后盛出即可。

清炖蛤蜊狮子头

烹饪时间 30分钟

[做法]

1 洗净的白玉菇拦腰切断，丝瓜切条。

2 沸水锅中倒入洗净的蛤蜊，煮至开壳，捞出，将蛤蜊去壳取肉。

3 取一碗，倒入肉末、蛤蜊肉、姜末、葱花，加适量盐、鸡粉、料酒、胡椒粉、水淀粉，拌成肉馅，捏成丸子，装碗，注水，放入电蒸锅中蒸20分钟至熟。

4 沸水锅中倒入丝瓜、白玉菇，煮至断生。

5 取出丸子，倒入锅中，加盐、鸡粉、胡椒粉、芝麻油，拌匀，盛出即可。

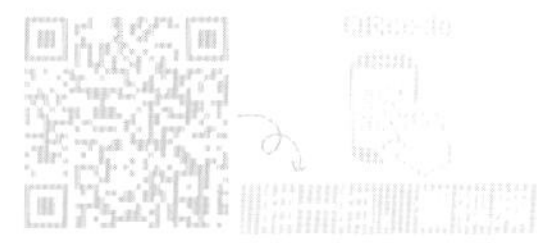

[原料]

肉末……100克
去皮丝瓜……100克
白玉菇……80克
蛤蜊……300克
葱花……少许
姜末……少许

[调料]

盐……2克
鸡粉……2克
胡椒粉……2克
芝麻油……5毫升
料酒……5毫升
水淀粉……5毫升

鲍鱼海底椰玉竹煲鸡

烹饪时间 3小时5分钟

[原料]

鲍鱼……1个
海底椰……10克
玉竹……6克
蜜枣……5克
鸡肉块……250克
姜片……少许

[调料]

盐……2克

[做法]

1 锅中注入适量清水烧开，倒入鸡肉块，汆片刻，捞出待用。

2 砂锅中注入适量清水，倒入鸡肉块、玉竹、海底椰、鲍鱼、蜜枣、姜片，拌匀。

3 盖上砂锅盖，大火煮开后转小火煮3小时，至食材熟透。

4 揭盖，加入盐，稍稍搅拌至入味；关火，盛出煮好的菜肴，装在碗中即可。

Part 4

镇桌主菜

美味升级，不舍停『筷』

主菜是宴席中的主角，是一桌宴客菜的重中之重。一道好的主菜往往能让整个家宴的美味升级，让宾客不舍停『筷』。走进本章，学习常见的宴客主菜的制作技巧和方法，可帮您轻松提升厨艺，升级宴客档次。

5 人份

南乳汁肉

烹饪时间 1 小时 10 分钟

[做法]

1 将五花肉切成小块，倒入沸水锅中，汆去血水，捞出，沥干待用。

2 热锅注油烧热，倒入桂皮、八角、葱段、姜片，爆香。

3 倒入五花肉，炒匀，加入料酒、生抽、冰糖，翻炒至冰糖溶化，注入适量清水。

4 倒入南乳，炒匀，加入盐、老抽，拌匀。

5 加盖，大火煮开后转小火煮 1 小时；揭盖，加入鸡粉、水淀粉，拌匀调味；盛出装碗，撒上葱花即可。

[原料]

五花肉......................350 克
南乳..........................30 克
姜片..........................少许
葱段..........................少许
葱花..........................少许
八角..........................2 个
桂皮..........................5 克

[调料]

冰糖..........................30 克
鸡粉..........................3 克
盐..............................3 克
老抽..........................3 毫升
水淀粉......................5 毫升
料酒..........................5 毫升
生抽..........................5 毫升
食用油......................适量

一品肉

烹饪时间 2 小时 5 分钟

[原料]

熟五花肉..........300 克
去皮生姜...........40 克
大葱段.................30 克
焦糖水............50 毫升

[调料]

冰糖....................15 克
盐..........................1 克
黄酒.................30 毫升

[做法]

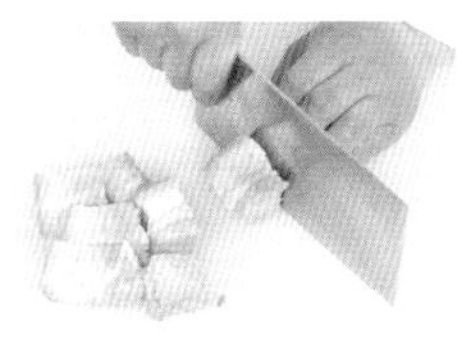

1 洗净去皮的生姜切片，五花肉切块，待用。

2 砂锅置火上，倒入黄酒。

3 放入冰糖，加入大葱段、姜片，倒入五花肉块。

4 加入焦糖水，放入盐，搅匀。

5 加盖，用大火煮开后转小火焖 2 小时至五花肉熟软入味。

6 揭盖，关火后将煮好的菜肴盛出装碗即可。

清蒸狮子头

烹饪时间　40 分钟

原料

肉末……130 克
西蓝花……85 克
豆腐皮……75 克
水发木耳……55 克
火腿……60 克
生粉……40 克
姜末……少许
蒜末……少许

调料

盐……3 克
鸡粉……4 克
胡椒粉……2 克
五香粉……2 克
食用油……适量

做法

1 将西蓝花切小朵，豆腐皮切丝，火腿切成丝，木耳切碎。

2 往肉末中加入姜末、蒜末、盐、鸡粉，加入胡椒粉、五香粉、生粉，搅匀至上劲。

3 锅中注水烧开，淋入食用油，倒入西蓝花，汆至断生，捞出待用。

4 将肉末逐一捏成大肉丸；取一个盘子，摆入豆腐皮、木耳、火腿丝，拌匀。

5 锅中注水烧开，放入肉丸，煮至转色，捞出，摆放在拌好的食材上，加入盐、鸡粉、适量清水，待用。

6 将食材放入电蒸锅中，蒸 30 分钟，取出食材，周围摆放上西蓝花即可。

如意白肉卷

烹饪时间 3分钟

做法

1 洗好的蒜薹切成长段，熟五花肉切成薄片。

2 开水锅中倒入蒜薹段，汆至断生，捞出待用。

3 将五花肉片铺平，摆上蒜薹段，卷起肉片，用牙签固定住，即成白肉卷，依次制成数个白肉卷。

4 取一个碗，倒入蒜末、红椒粒、葱花、盐、白糖、生抽、陈醋、鸡粉、芝麻油，搅拌均匀，制成味汁。

5 将味汁摆在肉卷边上，蘸食即可。

原料

熟五花肉……400克
蒜薹……100克
红椒粒……40克
蒜末……40克
葱花……少许

调料

陈醋……5毫升
盐……2克
鸡粉……2克
白糖……2克
芝麻油……10毫升
生抽……10毫升

5人份 清汤东坡肉

烹饪时间　1小时5分钟

[原料]

熟五花肉……350克
去皮冬笋……160克
八角……1个
桂皮……10克
葱段……少许
姜片……少许

[调料]

老抽……6毫升
生抽……5毫升
料酒……5毫升
鸡粉……3克
盐……3克
白胡椒粉……3克
水淀粉……10毫升
食用油……适量

[做法]

1 冬笋修整齐，切片；五花肉切薄片；将五花肉、冬笋交错叠好放入碗中。

2 放上八角、桂皮、葱段、姜片，加入盐、料酒、生抽、鸡粉、白胡椒粉、老抽、适量清水，用保鲜膜包严。

3 电蒸锅中注水烧开，放入五花肉，蒸1小时，取出食材，撕开保鲜膜。

4 将汤水倒入碗中；热锅中倒入汤水，用过滤网捞出姜片，煮至沸，用水淀粉勾芡，淋上食用油，拌成味汁。

5 将五花肉上的香料拣出，倒扣在盘中；将调味汁盛出，浇在五花肉上即可。

冬菜腐乳扣肉

烹饪时间　2 小时 15 分钟

[做法]

1 备好的熟五花肉切成片，生菜切去梗部。

2 碗中倒入五花肉、八角、花椒粒、姜片、葱段、腐乳、料酒、生抽、老抽，拌匀，腌渍 10 分钟。

3 再取一个碗，将五花肉整齐地摆放在其中，倒入冬菜，待用。

4 将食材放入电蒸锅中蒸 2 小时，取出五花肉，倒扣在盘中，再放入装有生菜叶的盘中即可。

[原料]

熟五花肉................250 克
生菜..........................80 克
冬菜..........................60 克
腐乳..........................40 克
花椒粒......................10 克
姜片............................少许
葱段............................少许
八角............................少许

[调料]

老抽........................2 毫升
生抽........................5 毫升
料酒........................4 毫升

四季豆烧排骨

烹饪时间　20 分钟

[原料]

去筋四季豆............200 克
排骨.......................300 克
姜片.........................少许
蒜片.........................少许
葱段.........................少许

[调料]

盐.............................1 克
鸡粉.........................1 克
生抽.......................5 毫升
料酒.......................5 毫升
水淀粉.......................适量
食用油.......................适量

扫一扫，看视频

[做法]

1 洗净的四季豆切段。

2 沸水锅中倒入洗好的排骨，汆去血水及脏污，捞出汆好的排骨，装盘待用。

3 热锅注油，倒入姜片、蒜片、葱段，爆香，倒入汆好的排骨，炒匀。

4 加入生抽、料酒，炒匀，注入适量清水，倒入切好的四季豆，炒匀。

5 加盖，用中火焖 15 分钟至食材熟软入味。

6 揭盖，加入盐、鸡粉，炒匀，用水淀粉勾芡，将食材炒至收汁，关火后盛出即可。

柠香陈皮糖醋小排

烹饪时间 23 分钟

[做法]

1 沸水锅中倒入洗净的排骨，汆去血水和脏污，捞出待用。

2 用油起锅，放入八角、葱段、姜片，爆香，倒入汆好的排骨，加入料酒、生抽，炒匀。

3 注入适量清水至没过排骨一半的位置，放入陈皮、迷迭香，拌匀。

4 加盖，焖20分钟至排骨熟软；揭盖，加入盐、鸡粉、白糖、白醋，挤入柠檬汁，搅匀，稍煮半分钟至入味。

5 加入水淀粉，翻炒至稍微收汁，关火后盛出即可。

[原料]

排骨……200克
柠檬……30克
水发陈皮……30克
八角……3个
迷迭香……6克
葱段……少许
姜片……少许

[调料]

鸡粉……1克
盐……2克
白糖……2克
白醋……5毫升
料酒……5毫升
生抽……5毫升
水淀粉……5毫升
食用油……适量

4 人份

红扒牛肉

烹饪时间　1 小时 25 分钟

原料

牛肉……250 克
去皮胡萝卜……70 克
芥蓝……80 克
香叶……2 片
草果……3 克
陈皮……8 克
桂皮、花椒……各 10 克
葱段、姜片、蒜末各少许

调料

料酒……10 毫升
水淀粉……10 毫升
盐……5 克
鸡粉……3 克
老抽……3 毫升
食用油……适量

做法

1 芥蓝切去老根，胡萝卜切滚刀块；沸水锅中倒入切好的牛肉，放入花椒粒、香叶、草果、桂皮、陈皮、胡萝卜，拌匀，煮至沸。

2 加入料酒、盐，拌匀，煮 1 小时，盛出牛肉，放凉后切片；将锅内胡萝卜及适量汤水盛出，浇在牛肉上，放上姜片、葱段，盖上保鲜膜，将食材放入电蒸锅中蒸 20 分钟。

3 沸水锅中加入盐、食用油、芥蓝，焯至断生，捞出。

4 取出牛肉片，将卤水滤入碗中，食材倒扣在盘中，周围围上芥蓝；热锅中加入卤水、鸡粉、老抽、水淀粉，制成调味汁，浇在牛肉片上即可。

冰糖肘子

烹饪时间 2小时10分钟

[做法]

1 沸水锅中放入处理干净的猪肘子，汆去腥味和脏污，捞出待用。

2 将汆好的猪肘子冷水下锅，放入生姜、香葱、八角、桂皮、香叶、丁香、冰糖、料酒，加入5毫升老抽，倒入盐，炖2小时。

3 取出炖好的猪肘子，放上垫有生菜的盘中；舀出适量汤汁，装碗待用。

4 另起锅烧热，倒入碗中的汤汁，加入3毫升老抽、鸡粉、水淀粉，搅拌至酱汁浓稠，加入食用油，搅匀。

5 关火后盛出烧好的酱汁，浇在猪肘子上即可。

[原料]

猪肘子……900克
生菜……70克
生姜……30克
香葱……1把
香叶……少许
丁香……少许
桂皮……少许
八角……少许

[调料]

冰糖……30克
盐……5克
鸡粉……1克
料酒……10毫升
水淀粉……10毫升
老抽……8毫升
食用油……适量

5 人份

红扒肘子

烹饪时间　2 小时 10 分钟

[原料]

猪后肘......650 克
八角......10 克
桂皮......10 克
茴香......10 克
丁香......10 克
香叶......3 片
花椒粒......5 克
葱段、姜片......各少许

[调料]

老抽......12 毫升
盐......3 克
鸡粉......3 克
生抽......5 毫升
水淀粉......10 毫升
食用油......适量

扫一扫，看视频

[做法]

1 将处理好的猪后肘倒入碗中，在猪皮上涂上适量老抽。

2 热锅注油烧热，放入猪后肘，油炸 1 分钟，捞出，装盘待用。

3 取一大碗，倒入猪后肘、适量清水、八角、桂皮、茴香、香叶、花椒粒、丁香、姜片、葱段、老抽、盐、生抽、鸡粉，盖上保鲜膜。

4 电蒸锅中注水烧开，放入猪后肘，蒸 2 小时，取出，撕开保鲜膜，拿出猪后肘，装盘，划上十字花刀。

5 热锅中倒入汤汁，捞出姜片、葱段及其他香料，煮至沸，用水淀粉勾芡，制成味汁，浇在猪后肘上即可。

5人份 红扒羊蹄

烹饪时间 1小时25分钟

[原料]

羊蹄……700克
八角……8克
大葱……10克
姜片……5克

[调料]

生抽……9毫升
料酒……4毫升
水淀粉……4毫升
老抽……适量
食用油……适量

扫一扫，看视频

[做法]

1 开水锅中倒入处理好的羊蹄，汆去杂质，捞出待用。

2 热水锅中倒入羊蹄、料酒、生抽，焖1小时，捞出。

3 往羊蹄上撒上大葱、八角、姜片，浇上锅中汤汁。

4 将食材放入电蒸锅中蒸20分钟，取出。

5 拣去八角、大葱、姜片，将盘中汤汁倒入热锅内。

6 锅内放入老抽、水淀粉、食用油，制成酱汁，浇在羊蹄上即可。

姜汁蒸鸡

烹饪时间 43 分钟

做法

1 把鸡块装碗中，加入料酒、姜汁、盐，拌匀，腌渍一会儿，待用。

2 锅中注水烧开，放入洗净的豌豆苗，搅匀，焯至断生后捞出，待用。

3 将腌好的鸡块装入蒸碗中，摆好造型，放入电蒸锅中，蒸约 30 分钟；取出蒸碗，稍微冷却后倒扣在盘中，围上焯熟的豌豆苗。

4 锅置火上烧热，注入高汤，大火煮沸，加入鸡粉、生抽，搅匀，用水淀粉勾芡。

5 滴上芝麻油，拌匀，调成味汁；关火后盛出味汁，浇在蒸好的菜肴上即可。

原料

鸡块……300 克
豌豆苗……60 克
高汤……150 毫升
姜汁……15 毫升
葱花……2 克

调料

盐……2 克
鸡粉……2 克
生抽……8 毫升
料酒……8 毫升
水淀粉……15 毫升
芝麻油……适量

桶子鸡

烹饪时间　2 小时 20 分钟

[做法]

1 往处理好的母鸡上撒适量盐，抹匀，淋上料酒，抹匀。

2 取少许盐，抹在母鸡体内，并塞入香叶、花椒、八角、豆蔻、桂皮、荷叶。

3 将鸡脚塞进母鸡体内，折起鸡翅，放置 2 小时至食材充分吸收香料味道。

4 沸水锅中放入桶子鸡，加入小葱、生姜，加盖，煮至桶子鸡入味。

5 揭盖，关火后取出桶子鸡，装盘，食用时或切或撕均可。

[原料]

母鸡............2 斤（1 只）
八角............................2 个
花椒..........................10 克
豆蔻..........................10 克
去皮生姜..................20 克
香叶............................2 片
桂皮............................2 片
荷叶............................1 张
小葱............................1 把

[调料]

盐 ....3 克
料酒.......................10 毫升

葱油白切鸡

烹饪时间　17 分钟

原料

鸡……1 只
桂皮……1 根
草果……2 个
八角……2 个
香叶……2 片
花椒……10 克
葱花……适量
姜片……适量

调料

盐……2 克
料酒……5 毫升
生抽……5 毫升
食用油……适量

做法

1 沸水锅中倒入草果、桂皮、八角、香叶、花椒，放入姜片、料酒、盐。

2 放入处理好的鸡，稍稍涮一下表面，加盖，用小火煮 15 分钟。

3 另起锅注油，烧至七成热。

4 将热油盛入葱花中，加入生抽，搅拌均匀，待用。

5 揭盖，取出煮好的鸡，装盘放凉。

6 将放凉的鸡切成块，整齐摆盘，浇上葱油即可。

香酥鸡

烹饪时间 2小时25分钟

做法

1 碗中放入三黄鸡，放入花椒、丁香、白芷、香叶、豆蔻、葱段、姜片、料酒、盐，抓匀，盖上保鲜膜，腌渍2小时；待时间到，去除保鲜膜。

2 将腌好的食材放入开水锅中，煮至沸，盖上盖，转小火焖20分钟；揭盖，将鸡捞出，放凉后斩成块，装入碗中，撒入盐、鸡粉、白芝麻、生粉，拌匀。

3 热锅中注油烧热，放入鸡块，搅拌片刻，炸至香酥，捞出，沥干待用。

4 另起锅注油烧热，放入干辣椒，炒香，倒入炸好的鸡块，翻炒匀，撒上香菜，炒香，关火后盛出即可。

原料

三黄鸡……600克
花椒……3克
丁香……3克
白芷……3克
白芝麻……3克
干辣椒……6克
生粉……15克
香叶……适量
豆蔻……适量
葱段……适量
香菜……适量
姜片……适量

调料

料酒……6毫升
盐……3克
鸡粉……2克
食用油……适量

酱鸭

烹饪时间　1 小时 15 分钟

[原料]

鸭肉……750 克
八角、桂皮……各适量
水发陈皮……适量
香叶、草果……各适量
丁香、山楂……各适量
香葱、姜片……各适量
花椒……少许
香菜……少许

[调料]

冰糖……少许
盐……4 克
生抽……7 毫升
老抽……3 毫升
料酒……8 毫升
食用油……适量

扫一扫，看视频

[做法]

1 处理好的鸭肉斩成大块，装入碗中，加入适量盐、料酒、生抽、老抽，搅拌匀，腌渍片刻。

2 热锅注油，烧至七成热，倒入鸭肉，搅拌片刻，炸至金黄色，捞出备用。

3 另起锅注油烧热，倒入草果、八角、花椒、桂皮、香叶、丁香、姜片、鸭肉，快速翻炒片刻，淋入料酒，快速翻炒提鲜。

4 加入生抽、清水、冰糖、陈皮、山楂、香葱、盐、老抽，盖上盖，煮约 1 小时；揭盖，捞出鸭肉。

5 待凉后斩成小件，码入盘中；盛出汤汁，浇在鸭肉上，放上香菜即可。

7人份 福绵鸭

烹饪时间 32分钟

原料

鸭肉……900克
生姜……30克
葱花……少许

调料

花生油……10毫升
芝麻油……4毫升
鸡粉……2克
生抽……5毫升
料酒……5毫升

做法

1 锅中注入适量清水，倒入洗净的鸭肉，淋上料酒，放入生姜。

2 加盖，大火煮开后转小火煮30分钟。

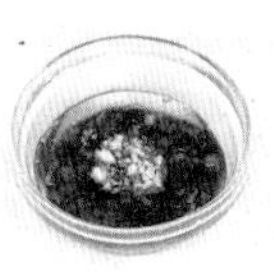

3 碗中放入葱花、生抽、花生油、芝麻油、鸡粉，拌匀，制成蘸酱，待用。

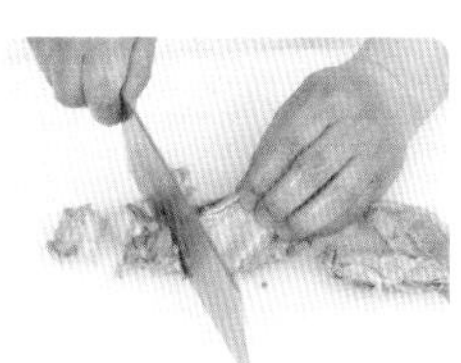

4 揭盖，捞出鸭肉，稍放凉后切成大块，装入盘中，食用时蘸取蘸酱即可。

五香鸽子

烹饪时间 35 分钟

[做法]

1 碗中放入处理好的鸽子，加适量老抽，拌匀，倒入烧至七成热的油锅中，稍稍搅拌，盖上盖，炸至深黄色。

2 揭盖，捞出炸好的鸽子，沥干待用。

3 砂锅注水烧热，放入八角、香叶、胡椒粒、小茴香、桂皮、姜片、葱段、干辣椒、鸽子、料酒、老抽、生抽、盐，拌匀。

4 加盖，煮 30 分钟；揭盖，将鸽子盛入盘中放凉，再将汤汁盛入碗中。

5 将放凉后的鸽子切成块，装盘，淋上碗中汤汁，摆放上香菜即可。

[原料]

鸽子	300 克
小茴香	15 克
胡椒粒	15 克
桂皮	20 克
干辣椒	20 克
八角	少许
香叶	少许
香菜	少许
姜片	少许
葱段	少许

[调料]

料酒	5 毫升
生抽	5 毫升
老抽	4 毫升
盐	3 克
食用油	适量

鸡米海参

5人份

烹饪时间　10分钟

[做法]

1 海参横刀切成块；鸡胸肉切成小粒，装碗，放入鸡蛋清、淀粉、盐，拌匀。

2 将鸡胸肉放入热油锅中，滑油片刻，捞出；开水锅中放入食用油、油菜心，汆2分钟，夹出菜心，摆在盘中。

3 用油起锅，放入姜末、葱段，炒出香味，注入高汤，煮至腾，放入海参，煮5分钟至熟，捞出海参。

4 将煮好的海参夹至盛有油菜心的盘中，摆好造型，放上鸡胸肉。

5 锅中注入花椒油烧热，倒入高汤，放入盐、料酒、鸡粉、水淀粉，拌匀，将汤汁浇在菜品上即可。

[原料]

水发海参……230克
鸡胸肉……120克
油菜心……220克
鸡蛋清……40克
高汤……适量
葱段……适量
姜末……适量

[调料]

盐……3克
淀粉……5克
料酒……5毫升
鸡粉……2克
水淀粉……30毫升
花椒油……适量
食用油……适量

鸿运鳜鱼

烹饪时间 13 分钟

原料

鳜鱼......300 克
上海青......100 克
红椒......60 克
葱花......少许

调料

料酒......10 毫升
胡椒粉......4 克
盐......3 克
蒸鱼豉油......适量

扫一扫，看视频

做法

1 将上海青切去根部，切成瓣；红椒去籽，切成丁。

2 把处理干净的鳜鱼切下鱼头，将鱼身对半切开，去除鱼骨，剁下鱼尾，将鱼肉片成双飞片。

3 将鱼骨、鱼头装入盘中，放入适量料酒、胡椒粉、盐，拌匀。

4 将鱼片装入碗中，放入盐、料酒、胡椒粉，搅拌匀。

5 将鱼头、鱼骨、鱼尾摆入盘中，摆成鱼形，两边摆放上海青，将鱼片卷成卷摆放在鱼身上，撒上红椒丁。

6 电蒸锅中注水烧开，放入食材，蒸 10 分钟至熟，将食材取出，淋入蒸鱼豉油，撒上葱花即可。

糖醋鲈鱼

烹饪时间 15分钟

做法

1 将洗净的黄瓜切花刀；处理好的鲈鱼打上“一”字花刀，装盘，加盐、料酒，抹匀，腌渍10分钟。

2 碗中倒入生粉、清水，拌匀，制成糊状，抹在鱼身上。

3 热锅注油烧热，放入鲈鱼，炸至金黄色，捞出，沥干待用。

4 另用油起锅，倒入番茄酱，炒匀，加入少许清水。

5 淋入白醋，倒入白糖、盐，加入水淀粉，炒匀勾芡；将炒好的酱汁浇在鱼身上，摆放上黄瓜、葱丝即可。

原料

鲈鱼……350克
黄瓜……40克
番茄酱……20克
生粉……5克
大葱丝……适量

调料

盐……3克
料酒……6毫升
白醋……6毫升
白糖……3克
水淀粉……适量
食用油……适量

剁椒蒸鱼头

烹饪时间　22 分钟

原料

鱼头……1 个
蒜末……3 克
姜末……3 克
葱花……3 克

调料

盐……3 克
白糖……3 克
老干妈……10 克
剁辣椒……50 克
鸡粉……2 克

做法

1 将切好的鱼头两边分别抹上盐，腌渍 10 分钟，待用。

2 取一碗，放入剁椒、老干妈、蒜末、姜末、白糖、鸡粉，搅拌均匀，制成调料。

3 将拌好的调料放在腌好的鱼头上面，把鱼头放入烧开的电蒸锅中。

4 盖上盖，蒸 10 分钟至熟；揭盖，取出蒸好的鱼头，撒上葱花即可。

清蒸海上鲜

烹饪时间 14 分钟

[做法]

1 处理好的鲈鱼斩成小段，放入盘中，摆放成开屏状，加入盐、料酒，待用。

2 打开电蒸笼，向水箱内注入适量清水，放上蒸隔，接通电源，码好笼屉，放入鲈鱼。

3 盖上顶盖，蒸12分钟至食材熟透；断电后取出蒸好的鲈鱼，撒上姜丝、葱丝、红椒丝，待用。

4 热锅注入适量食用油，烧至七成热；关火后盛出热油，浇在鲈鱼上，淋入生抽即可。

[原料]

鲈鱼……100克
葱丝……少许
姜丝……少许
红椒丝……少许

[调料]

盐……2克
料酒……5毫升
生抽……10毫升
食用油……适量

豉油清蒸武昌鱼

烹饪时间 14分钟

原料

武昌鱼……680克
葱段……少许
姜片……少许
葱丝……少许
红彩椒丝……少许

调料

蒸鱼豉油……15毫升
盐……3克
料酒……10毫升
食用油……适量

扫一扫，看视频

做法

1 在洗净的武昌鱼两面鱼身上划几道一字花刀，装盘，往两面鱼身上撒入适量盐，抹匀。

2 两面鱼身淋入料酒以去腥，鱼肚里塞入葱段、姜片。

3 用一双筷子交叉撑起武昌鱼以防蒸制时鱼皮粘盘。

4 蒸锅注水烧开，放上武昌鱼，用大火蒸12分钟至熟，取出蒸好的武昌鱼。

5 取下筷子，将武昌鱼盛入备好的盘中，往鱼身放上葱丝、红彩椒丝。

6 另起锅注油，烧至五六成热；关火后将热油浇在鱼身上，淋入蒸鱼豉油即可。

醋焖多宝鱼

烹饪时间 17分钟

[做法]

1 往处理好的多宝鱼两面上划上网格花刀，装入盘中，撒上适量盐、料酒，涂抹均匀，腌渍片刻。

2 热油锅中放入多宝鱼，煎片刻，撒上姜片、蒜末，爆香，加入料酒、生抽、清水，煮至沸，放入盐、白糖。

3 盖上盖，大火煮开后转小火焖8分钟至熟；揭盖，淋上适量陈醋，盛出多宝鱼，装盘待用。

4 再将清水、水淀粉、老抽、食用油淋入锅中汤汁中，拌匀，调成酱汁浇在鱼身上，撒上葱花即可。

[原料]

多宝鱼……500克
葱花……少许
姜片……少许
蒜末……少许

[调料]

老抽……2毫升
水淀粉……3毫升
盐……2克
白糖……3克
生抽……5毫升
料酒……5毫升
陈醋……适量
食用油……适量

桂圆枸杞蒸甲鱼

烹饪时间　14 分钟

做法

1 锅中注水烧开，倒入处理干净的甲鱼，搅匀，氽去血水。

2 将甲鱼捞出，冲一遍水，沥干水分，放凉片刻后撕去上面的衣膜。

3 备好一个碗，倒入甲鱼、葱段、姜片、生抽、盐、枸杞、桂圆肉，搅拌匀，放入干淀粉，快速搅拌匀。

4 淋入备好的食用油，搅拌匀；将拌好的甲鱼倒入蒸盘内，待用。

5 电蒸锅中注水烧开，放入甲鱼，盖上盖，蒸至熟；揭盖，将甲鱼取出即可。

扫一扫，看视频

原料

甲鱼……400 克
葱段……8 克
姜片……8 克
枸杞……10 克
桂圆……10 克

调料

盐……3 克
干淀粉……10 克
生抽……8 毫升
食用油……适量

盐水虾

烹饪时间 3分钟

[做法]

1 锅中注水烧热，放入八角、桂皮、花椒、姜片、葱段，加入盐、料酒，搅拌均匀成盐水。

2 取一些盐水装碗，放入冰箱冷藏，待用。

3 将剩余盐水煮开后放入基围虾，汆至熟后捞出，放入冷藏好的盐水中，加入冰块降温。

4 将生抽加入姜末中，制成蘸料。

5 将已降温的盐水虾装盘，食用时蘸取蘸料即可。

[原料]

基围虾……170克
八角……少许
桂皮……少许
花椒……少许
姜末……适量
姜片……适量
葱段……适量

[调料]

盐……4克
生抽……5毫升
料酒……10毫升

生焖大虾

烹饪时间　22 分钟

[原料]

大虾……200 克
鸡汤……150 毫升
葱段……少许
姜片……少许

[调料]

番茄酱……35 克
盐……3 克
白糖……3 克
鸡粉……3 克
料酒……5 毫升
食用油……适量

[做法]

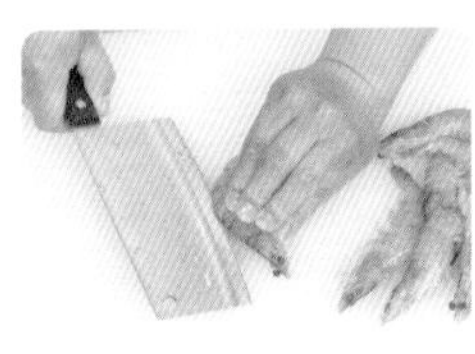

1 将洗净的大虾剪去虾须，切开背部，取出虾线，待用。

2 热锅注油烧热，倒入大虾，再次淋上食用油，放入姜片、葱段，炒香。

3 倒入番茄酱，淋上料酒，倒入鸡汤，拌匀，撒上盐、白糖，拌匀。

4 加盖，大火煮开后转小火焖 20 分钟；揭盖，加入鸡粉，拌匀，关火后盛出即可。

柠檬酒香濑尿虾

烹饪时间　5 分钟

做法

1 热锅注油烧热，放入洋葱，爆香，倒入濑尿虾，快速翻炒片刻。

2 淋入白酒、柠檬汁，放入盐、鸡粉，翻炒调味。

3 撒入胡椒粉，盖上锅盖，焖 2 分钟。

4 揭开盖，倒入水淀粉，翻炒均匀，放入薄荷叶，翻炒片刻。

5 将炒好的虾盛出装入盘中，撒上洋葱即可。

原料

濑尿虾……500 克
洋葱……30 克
薄荷叶……7 克
白酒……20 毫升
柠檬汁……20 毫升

调料

盐……2 克
鸡粉……2 克
胡椒粉……2 克
水淀粉……3 毫升
食用油……适量

蒜蓉粉丝蒸鲜虾

烹饪时间　12 分钟

[原料]

净虾……150 克
粉丝……50 克
青椒丁……5 克
红椒丁……5 克
姜末……5 克
蒜末……10 克
葱花……3 克

[调料]

盐……3 克
白糖……3 克
生抽……5 毫升
料酒……5 毫升
食用油……适量

扫一扫，看视频

[做法]

1 将洗净的粉丝切段；处理干净的虾切开，去除虾线。

2 把切好的虾装在碗中，放入料酒、盐，拌匀，腌渍约 5 分钟，待用。

3 取一蒸盘，放入粉丝段，倒入腌好的虾，摆好造型。

4 用油起锅，撒上蒜末、姜末，爆香。

5 放入青红椒丁、白糖，拌匀，调成味汁；关火后盛出味汁，浇在虾上面，待用。

6 备好电蒸锅，烧开水后放入蒸盘，盖上盖，蒸约 6 分钟，至食材熟透。

7 断电后揭盖，取出蒸盘，趁热撒上葱花，淋入生抽即可。

福寿四宝虾球

烹饪时间　14 分钟

[做法]

1 洗净的黄瓜去籽，切块；蟹柳斜刀切块；虾仁装碗，加盐、料酒、胡椒粉、水淀粉，拌匀，腌渍 10 分钟。

2 沸水锅中倒入洗净的玉米粒、白果仁，汆片刻，放入黄瓜、蟹柳、枸杞，汆至断生，捞出食材。

3 用油起锅，放入葱段、姜片，爆香，倒入松仁，炒香，加入虾仁，翻炒至转色，倒入汆好的食材，翻炒匀。

4 加入料酒、清水，炒匀，放入盐、鸡粉、水淀粉，炒匀至收汁，淋入芝麻油，炒匀增香；关火后盛出菜肴，装盘即可。

[原料]

虾仁……300 克
黄瓜……70 克
蟹柳……15 克
白果仁……30 克
松仁……30 克
玉米粒……50 克
水发枸杞……10 克
葱段……少许
姜片……少许

[调料]

鸡粉……1 克
盐……2 克
胡椒粉……2 克
料酒……6 毫升
水淀粉……6 毫升
芝麻油……5 毫升
食用油……适量

2人份 吉祥扒红蟹

烹饪时间　10 分钟

原料

花蟹……100 克
青豆……40 克
玉米粒……30 克
蛋清……40 克

调料

盐……2 克
胡椒粉……2 克
鸡粉……1 克
食用油……适量

扫一扫，看视频

做法

1 用油起锅，放入洗净的青豆、玉米粒，翻炒数下，注入适量清水。

2 放入处理干净的花蟹，搅匀，加盖，用大火煮开后转小火焖 5 分钟至食材熟透。

3 揭盖，转大火，加入适量盐、鸡粉、胡椒粉，搅匀调味。

4 倒入蛋清，煮约 20 秒至蛋清熟透变白；关火后盛出煮好的菜肴，装碗即可。

鲍汁扣鲜鱿

烹饪时间 7分钟

[做法]

1 洗净的红椒切圈，洗好的香菜切段。

2 锅中注入适量清水烧开，倒入鱿鱼，大火煮约3分钟至熟软，捞出鱿鱼。

3 锅中再倒入红椒圈，焯至断生，关火后捞出红椒圈，沥干待用。

4 将煮好的鱿鱼切成粗条；取一盘，倒入香菜，摆放上红椒圈、鱿鱼条。

5 用油起锅，加入生抽、鲍鱼汁、适量清水、盐、水淀粉、食用油，搅拌约2分钟至入味，制成调味汁。

6 关火后将调味汁浇在鱿鱼上即可。

[原料]

鱿鱼……190克
红椒……60克
香菜……20克
鲍鱼汁……40克

[调料]

盐……2克
生抽……5毫升
水淀粉……适量
食用油……适量

遍地锦装鳖

烹饪时间　25 分钟

[做法]

1 咸鸭蛋黄切成四小块；沸水锅中放入团鱼，煮至五成熟，捞出待用。

2 热锅注入猪油烧热，放入姜片、大蒜、葱段，炒香，放入切好的冬笋片、火腿、切好的口蘑，炒匀，加入料酒、高汤、团鱼、冰糖、生抽、盐、胡椒粉，小火焖 5 分钟，盛出团鱼。

3 取下鱼盖，将锅中食材盛放在鱼上。

4 热锅注入芝麻油，放入咸鸭蛋黄，炒匀，盛放在团鱼上，盖上鱼盖子。

5 将食材放入蒸锅中蒸熟后取出，盛入摆有黄瓜片和蛋皮的盘中即可。

[原料]

团鱼（鳖）............500 克
火腿.........................60 克
口蘑.........................55 克
咸鸭蛋黄....................3 个
冬笋.......................100 克
高汤...................500 毫升
大蒜...........................8 克
姜片、葱段.........各 18 克
蛋皮、黄瓜片.......各适量

[调料]

料酒......................15 毫升
生抽......................15 毫升
芝麻油...................15 毫升
胡椒粉........................5 克
盐..............................5 克
猪油.........................25 克
冰糖.........................25 克

蒜香蒸生蚝

4 人份

烹饪时间 20 分钟

[原料]

生蚝........................4 个
柠檬........................15 克
蒜末........................20 克
葱花........................5 克

[调料]

蚝油........................5 克
食用油........................20 毫升
盐........................3 克

[做法]

1 碗中倒入生蚝肉，加盐拌匀，挤入柠檬汁，拌匀，腌渍 10 分钟。

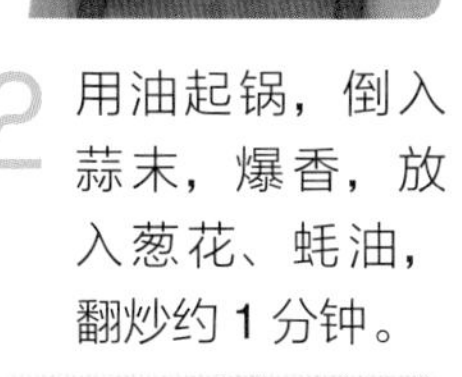

2 用油起锅，倒入蒜末，爆香，放入葱花、蚝油，翻炒约 1 分钟。

3 关火后盛出炒好的蒜末，装入碗中备用。

4 将腌好的生蚝肉放入生蚝壳中，淋上炒香的蒜末。

5 取电蒸锅，注入适量清水烧开，放入生蚝，盖上盖，时间调至“8”。

6 揭盖，取出蒸好的生蚝即可。

鲜香蒸扇贝

烹饪时间 10分钟

[做法]

1 用油起锅，倒入洋葱丁，放入蒜末。

2 倒入红椒丁，将食材爆香约1分钟。

3 将爆香好的食材逐一放在洗净的扇贝上。

4 电蒸锅中注入适量清水烧开，放入扇贝。

5 盖上盖，调好时间旋钮，蒸约8分钟至熟。

6 揭盖，取出蒸好的扇贝，逐一淋入蒸鱼豉油，撒上葱花即可。

扫一扫，看视频

[原料]

扇贝............................6个
洋葱丁........................20克
红椒丁........................10克
蒜末............................10克
葱花..............................5克

[调料]

蒸鱼豉油................8毫升
食用油........................适量

珍珠鲍鱼

烹饪时间　32分钟

[做法]

1 鲍鱼底部切上一字花刀，放入姜片、葱段、少许清水、盐，腌渍10分钟。

2 鸡肉末中加盐、料酒、鸡粉、水淀粉，腌渍10分钟；分次取少许鸡肉末，装盘，放入鹌鹑蛋，待用。

3 电蒸锅中注水烧开，放入鸡肉鹌鹑蛋，另放入鲍鱼、圆椒块，蒸10分钟至食材熟透，取出全部食材。

4 取空盘，中间放鲍鱼，四周放鸡肉鹌鹑蛋，鹌鹑蛋之间放一块圆椒。

5 锅中放入蒸菜后的汤汁，去掉葱段、姜片，加盐、鸡粉、水淀粉、食用油，搅成酱汁，浇在盘中食材上即可。

[原料]

鲍鱼……150克（6个）
去壳熟鹌鹑蛋70克（8颗）
鸡肉末……90克
圆椒块……35克
姜片……少许
葱段……少许

[调料]

盐……3克
鸡粉……2克
水淀粉……7毫升
料酒……2毫升
食用油……适量

酱焖小鲍鱼

烹饪时间　9 分钟

原料

小鲍鱼……6 个
黄豆酱……40 克
姜片……少许
蒜末……少许
葱段……少许

调料

鸡粉……1 克
白糖……2 克
水淀粉……5 毫升
料酒……5 毫升
食用油……适量

扫一扫，看视频

做法

1 处理干净的鲍鱼取肉，两面切上十字花刀。

2 沸水锅中倒入鲍鱼肉及鲍鱼壳，加入料酒，汆去腥味，捞出，分别装盘。

3 用油起锅，倒入姜片、蒜末、葱段，爆香，加入黄豆酱，炒匀，注入适量清水，搅匀，煮至沸，放入汆烫好的鲍鱼肉，搅匀。

4 加盖，用大火焖 5 分钟至鲍鱼肉熟软入味。

5 揭开盖，加入鸡粉、白糖和水淀粉，搅匀调味，稍煮片刻至酱汁微微收干。

6 关火后将鲍鱼肉放入鲍鱼壳中，淋上酱汁即可。

精致佐菜

——不可抵挡的下饭美味

厨艺并非都是技巧，更多的是一种心思和情谊。要想客人吃得好，精致佐菜不可少。佐菜既可以下饭，又能拿来下酒，是一桌好的宴席必不可少的美食伴侣。这里有21道家常佐菜供你学习和借鉴，教你做出人人都爱吃的下饭家宴。

蒜蓉鸡毛菜

烹饪时间 3分钟

[原料]

鸡毛菜……200克
蒜蓉……30克

[调料]

盐……1克
鸡粉……1克
食用油……适量

[做法]

1 用油起锅，倒入备好的蒜蓉，充分爆香。

2 倒入洗净的鸡毛菜，快速翻炒1分钟。

3 加入适量盐，撒上少许鸡粉，炒匀调味。

4 关火后盛出炒好的鸡毛菜，整齐摆放在盘中即可。

剁椒腐竹蒸娃娃菜

烹饪时间 12分钟

[做法]

1 洗好的娃娃菜对半切开，切成条；泡发好的腐竹切成段。

2 锅中注水烧开，倒入娃娃菜，汆至断生，将娃娃菜捞出，沥干，码入盘内，放上腐竹。

3 热锅注油烧热，倒入蒜末、剁椒，翻炒爆香，加入少许白糖，翻炒匀。

4 关火，将炒好的食材浇在娃娃菜上。

5 蒸锅上火烧开，放入娃娃菜，盖上盖，大火蒸10分钟至入味。

6 揭盖，将食材取出，撒上葱花，淋入生抽即可。

[原料]

娃娃菜......300克
水发腐竹......80克
剁椒......40克
蒜末......少许
葱花......少许

[调料]

白糖......3克
生抽......7毫升
食用油......适量

蔬菜蒸盘

烹饪时间　17 分钟

原料

南瓜……200 克
洋葱……60 克
小芋头……30 克
熟白芝麻……5 克
蒜蓉……少许

调料

椰子油……5 毫升
蜂蜜……8 克
味噌……20 克

做法

1 洗净的南瓜对半切开，去籽，再切成块。

2 洗净的小芋头切去头尾，对半切开。

3 洗净的洋葱切去头尾，切成条形。

4 取出备好的两个竹蒸笼，摆放上洋葱、小芋头、南瓜块待用。

5 电蒸锅注水烧开，放上蒸笼，加盖，蒸 15 分钟。

6 碗中放入味噌、椰子油、白芝麻、蜂蜜、蒜蓉，拌匀，注入适量温水，拌成调味汁。

7 揭开盖，取出蒸笼，配上蘸料食用即可。

四喜鲜蔬

4人份

烹饪时间　10 分钟

[做法]

1 洗净去皮的胡萝卜部分切丝，剩余部分切片；洗净的草菇切去底部，打上十字花刀，放入沸水锅中，煮至变软，捞出。

2 热锅注油烧热，倒入玉米笋、荷兰豆，加入清水、盐、鸡粉、水淀粉、芝麻油，拌匀，关火后盛出待用。

3 另起锅注油烧热，倒入胡萝卜片、草菇，炒匀。

4 加入生抽、水、蚝油、盐、鸡粉，炒匀，用水淀粉勾芡。

5 将玉米笋、荷兰豆摆放整齐，盛出炒好的食材摆在中央，撒上剩余的胡萝卜丝即可。

[原料]

玉米笋……100 克
荷兰豆……100 克
去皮胡萝卜……50 克
草菇……70 克

[调料]

盐……3 克
鸡粉……3 克
蚝油……5 克
芝麻油……5 毫升
水淀粉……5 毫升
食用油……适量

烧汁茄夹

烹饪时间　10 分钟

[原料]

茄子……135 克
肉末……80 克
生粉……75 克
面粉……70 克
鸡蛋液……50 克
胡萝卜……40 克
洋葱……25 克
玉米粒……30 克
泡打粉……35 克
姜末、蒜末、葱碎各少许

[调料]

盐……2 克
白糖……2 克
鸡粉……3 克
料酒……4 毫升
生抽……7 毫升
胡椒粉……适量
水淀粉……适量
食用油……适量

[做法]

1 洗净的茄子切一道深口不切断，再切一刀切断，逐一制成茄盒；洋葱切粒；胡萝卜去皮，切粒。

2 碗中放入肉末、蒜末、姜末、葱碎、盐、生抽、料酒、胡椒粉、鸡粉、水淀粉，拌匀。

3 另取一个碗，倒入面粉、生粉、泡打粉、鸡蛋液、适量清水，搅成面糊。

4 逐一在茄盒内塞入肉末，制成茄夹。

5 将茄夹裹好面糊，放入热油锅中，炸至熟后捞出。

6 另起锅注油烧热，倒入洋葱、玉米粒、胡萝卜，炒匀，倒入生抽、适量清水、盐、鸡粉、白糖，搅匀，制成酱汁，浇在茄夹上即可。

香卤蒜味杏鲍菇

烹饪时间　30 分钟

做法

1 大蒜去头，拍扁；洗净的杏鲍菇切厚片，切粗条。

2 热锅注油，烧至六成热，放入切好的杏鲍菇，油炸约 2 分钟至外表呈金黄色，捞出杏鲍菇，待用。

3 用油起锅，放入拍扁的大蒜，爆香，加入高汤、老抽、盐、炸好的杏鲍菇，搅匀。

4 加盖，用大火煮开后转小火卤 10 分钟至熟软；揭盖，加入鸡粉，搅匀调味。

5 加盖，续卤 15 分钟至入味；揭盖，夹出卤好的杏鲍菇，摆盘，浇上卤汁，放上洗净的香菜即可。

原料

杏鲍菇……300 克
高汤……500 毫升
大蒜……10 克
香菜……少许

调料

盐……2 克
鸡粉……1 克
老抽……3 毫升
食用油……适量

4 人份

四喜豆腐

烹饪时间 18分钟

原料

马蹄……100克
口蘑……70克
玉兰片……30克
去皮胡萝卜……40克
蛋清……40克
豆腐……345克
腐竹……45克
水发香菇……15克

调料

盐……3克
鸡粉……3克
五香粉……3克
水淀粉……3毫升
香油……适量
食用油……适量

做法

1 将马蹄、口蘑、腐竹、胡萝卜、玉兰片分别处理好后切成碎；香菇去蒂，划十字花刀。

2 碗中放入豆腐、蛋清、盐，搅拌成泥。

3 另取一碗，放入马蹄、口蘑、腐竹、玉兰片碎、盐、鸡粉、食用油、五香粉，搅拌成馅料。

4 在四个小碗中刷上油，放入香菇、豆腐泥、胡萝卜碎、馅料，将食材放入蒸锅中蒸15分钟。

5 热锅注水烧热，加盐、鸡粉、水淀粉，淋上香油，制成汤汁。

6 取出豆腐泥，倒盖在盘中，淋上调好的汤汁即可。

蒸花生藕夹

烹饪时间　22 分钟

做法

1 洗净去皮的莲藕切成 0.3 厘米厚度的片，泡发好的香菇切碎。

2 往肉末中加入花生碎、香菇碎、姜末、葱花、盐、鸡粉、料酒、蚝油。

3 淋入食用油，将食材拌制成馅料，放在一片藕片上。

4 盖上一片莲藕片，压紧，制成藕夹。

5 依此制成数个藕夹，待用。

6 电蒸锅中注水烧开，放入藕夹，蒸 20 分钟。

7 将蒸好的藕夹取出即可。

原料

去皮莲藕……200 克
肉末……70 克
花生碎……30 克
水发香菇……40 克
姜末……5 克
葱花……5 克

调料

蚝油……3 克
盐……2 克
鸡粉……2 克
料酒……5 毫升
食用油……适量

蒸香菇西蓝花

烹饪时间　10 分钟

[做法]

1 洗净的香菇切上十字花刀，再切成块，备用。

2 取一个盘子，将洗净的西蓝花沿圈摆好盘，将切好的香菇摆在西蓝花中间。

3 备好已注入清水烧开的电蒸锅，放入食材。

4 加盖，大火蒸 8 分钟至熟；揭盖，取出蒸好的西蓝花和香菇，放置一边待用。

5 锅中注入少许清水烧开，加入盐、鸡粉、蚝油，搅拌均匀。

6 用水淀粉勾芡，搅拌均匀，制成汤汁，将汤汁均匀浇在西蓝花和香菇上即可。

[原料]

香菇……100 克
西蓝花……100 克

[调料]

盐……2 克
鸡粉……2 克
蚝油……5 克
水淀粉……10 毫升
食用油……适量

菊花茄子

烹饪时间　30 分钟

[原料]

茄子……………………185 克
肉末……………………100 克
姜末……………………少许
葱花……………………少许
红椒粒…………………35 克

[调料]

盐………………………2 克
鸡粉……………………2 克
白胡椒粉………………2 克
料酒、生抽.各 5 毫升
食用油…………………适量

[做法]

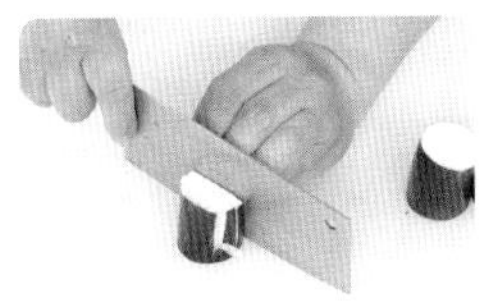

1 洗净的茄子切成等长段，在其一端切上细密的十字花刀。

2 往肉末中加入盐、鸡粉、白胡椒粉、料酒，拌匀，腌渍 10 分钟。

3 电蒸锅注水烧开，放上茄子，蒸 10 分钟，取出待用。

4 将茄子散开呈菊花状，放上适量肉末。

5 将食材再次放入电蒸锅中，蒸 5 分钟，取出，撒上葱花、姜末、红椒粒。

6 热锅注油，烧至七成热；关火后，将烧好的油盛出，淋在茄子上，再淋上生抽即可。

蒸糯米肉丸

烹饪时间 37 分钟

原料

水发糯米……100 克
肉馅……150 克
蛋清……20 克
干淀粉……8 克
姜末……10 克
蒜末……10 克

调料

料酒……5 毫升
盐……2 克
鸡粉……2 克
胡椒粉……适量
生抽……5 毫升

做法

1 备好一个大碗，倒入肉馅、蒜末、姜末，加入料酒、胡椒粉、生抽、盐、蛋清，搅拌匀。

2 倒入适量干淀粉，用力搅拌片刻至起浆。

3 将肉馅制成肉丸，再均匀地裹上备好的糯米。

4 将剩余的肉馅依次制成糯米肉丸，备好电蒸锅烧开，将肉丸放入。

5 盖上锅盖，将时间旋钮调至 35 分钟，蒸一会儿。

6 待时间到，掀开锅盖，将蒸好的肉丸取出，整齐摆放在盘中即可。

酿肉皮

烹饪时间　27 分钟

[做法]

1 洗净的香菇切条，再切碎；处理干净的猪皮切上花刀，切小块。

2 取一个碗，倒入肉末、香菇、虾皮，放入葱花、蒜末、盐、鸡粉、料酒、生抽、水淀粉，搅拌匀，腌渍 10 分钟。

3 将猪皮摆入盘中，逐一往肉皮内填入肉末。

4 电蒸锅注水烧开，放入肉皮，蒸 15 分钟，将猪肉皮取出，待用。

5 热锅注水烧热，放入盐、鸡粉、胡椒粉、水淀粉，淋入食用油，拌至汤汁浓稠，浇在肉皮上即可。

[原料]

泡发猪皮……200 克
肉末……80 克
虾皮……30 克
香菇……10 克
葱花……少许
蒜末……少许

[调料]

盐……3 克
鸡粉……4 克
料酒……5 毫升
生抽……4 毫升
水淀粉……8 毫升
胡椒粉……适量
食用油……适量

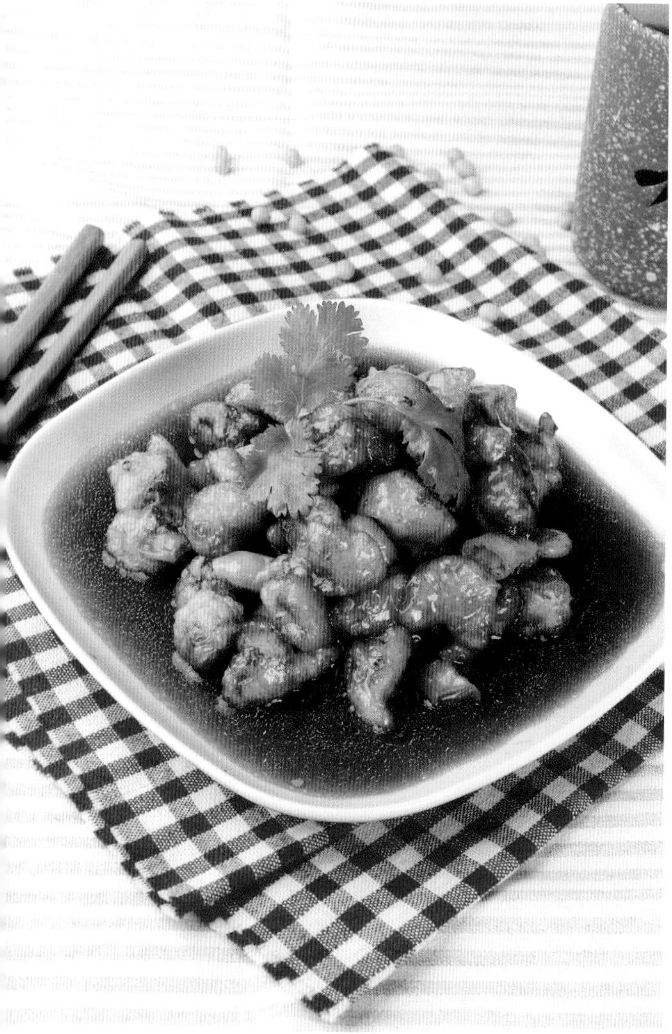

酸辣里脊

烹饪时间　15 分钟

[原料]

里脊肉……200 克
生粉……50 克
泡椒……40 克
葱段……少许
姜片……少许

[调料]

盐……2 克
鸡粉……2 克
白糖……2 克
料酒……5 毫升
生抽……5 毫升
陈醋……5 毫升
水淀粉……5 毫升
食用油……适量

[做法]

1 洗净的泡椒切段；里脊肉切丁装碗，加盐、鸡粉、料酒、清水、生粉，拌匀，中途注入适量清水，拌至黏稠，淋上食用油，拌匀，腌渍 10 分钟。

2 热锅注油烧热，放上里脊肉，炸至金黄色，捞出；待油温再次加热到八成热后，将里脊肉倒入其中，复炸一遍，使其口感更加酥脆。

3 将油炸好的里脊肉捞出，沥干待用。

4 另起锅注油烧热，倒入葱段、姜片、泡椒，爆香，放入适量清水、生抽、盐、鸡粉、白糖、陈醋，拌匀，淋上水淀粉勾芡。

5 倒入炸好的里脊肉，炒匀入味，关火后盛出即可。

糖醋佛手卷

烹饪时间 22 分钟

[做法]

1 肉末中加入 1 克盐、鸡粉、料酒、胡椒粉、葱花、蒜末，腌渍 10 分钟；鸡蛋打成蛋液，加入 5 毫升水淀粉，搅匀。

2 用油起锅，倒入蛋液，煎成蛋皮，取出，切成四个均等扇形。

3 在蛋皮上放入肉馅，卷成圆锥形，在蛋皮表面切三刀，制成佛手卷，放入电蒸锅中，加盖蒸 10 分钟。

4 热锅中放入少许清水、1 克盐、陈醋、白糖、5 毫升水淀粉、食用油，调成酱汁，关火待用。

5 揭开电蒸锅锅盖，取出蒸熟的佛手卷，淋上酱汁即可。

[原料]

肉末……140 克
鸡蛋……2 个
葱花……少许
蒜末……少许

[调料]

盐……2 克
鸡粉……1 克
胡椒粉……3 克
白糖……20 克
陈醋……5 毫升
料酒……5 毫升
水淀粉……10 毫升
食用油……适量

蒸肉末白菜卷

烹饪时间 14分钟

[原料]

白菜叶……100克
瘦肉末……100克
蛋液……30克
葱花……3克
姜末……3克

[调料]

盐……5克
鸡粉……5克
胡椒粉……少许
干淀粉……15克
料酒……10毫升
水淀粉……15毫升
食用油……适量

QRcode
扫一扫，看视频

[做法]

1 往肉末中加入适量料酒、姜末、葱花、盐、鸡粉，倒入蛋液，撒上胡椒粉。

2 注入适量食用油，拌匀，倒入干淀粉，拌匀，制成肉馅，待用。

3 锅中注水烧开，放入洗净的白菜叶，搅散，焯至断生后捞出，沥干水分。

4 将白菜叶放凉后铺开，放入适量肉馅，包好，卷成肉卷儿，摆放在盘中。

5 备好电蒸锅，烧开水后放入蒸盘，蒸至食材熟透，取出。

6 锅置旺火上，注水煮沸，加入余下的盐、鸡粉，拌匀，加入水淀粉、食用油，拌匀，调成稠汁，盛出浇在菜肴上即可。

翠玉镶明珠

烹饪时间 27分钟

[做法]

1 黄瓜切厚段；肉末中倒入玉米粒、豌豆、蛋清、葱花，加入盐、鸡粉、胡椒粉、水淀粉，腌渍 10 分钟。

2 黄瓜用雕刻刀挖去中间的心，制成黄瓜盅，将适量的肉末塞入黄瓜盅里面。

3 逐一在黄瓜盅上点缀上胡萝卜丁，待用。

4 电蒸锅注水烧开，放上黄瓜盅，加盖，蒸 15 分钟，取出黄瓜盅。

5 热锅注油烧热，放入生抽、盐、鸡粉、水淀粉，拌匀，转大火收汁，将芡汁浇在黄瓜盅上即可。

[原料]

黄瓜……140 克
肉末……80 克
豌豆……35 克
玉米粒……40 克
葱花……少许
胡萝卜丁……50 克
蛋清……20 克

[调料]

盐……3 克
鸡粉……3 克
胡椒粉……3 克
生抽……5 毫升
水淀粉……10 毫升
食用油……适量

香菇豆腐丸子

烹饪时间　17 分钟

[原料]

猪肉末……65 克
豆腐……120 克
香菇……60 克
鸡蛋液……60 克
生粉……35 克
上海青……200 克
葱花……少许

[调料]

盐……3 克
鸡粉……2 克
五香粉……2 克
生抽……10 毫升
料酒……5 毫升
水淀粉……5 毫升
食用油……适量

[做法]

1 洗净的香菇切片，剁碎。

2 洗好的豆腐装碗，放入香菇碎、肉末，拌匀，打入鸡蛋，搅拌均匀。

3 加入盐、鸡粉、五香粉、生抽、料酒、葱花、生粉，拌成馅料。

4 将馅料挤成香菇豆腐丸子，装盘，放入电蒸锅中，蒸 15 分钟。

5 沸水锅中放入 1 克盐、食用油，放入上海青，汆至断生，捞出。

6 另起锅，注水烧热，加入 5 毫升生抽、1 克盐和鸡粉，搅匀，加入水淀粉，搅至酱汁微稠后关火。

7 取出蒸好的香菇豆腐丸子，将汆好的上海青摆在丸子四周，淋上酱汁即可。

蚂蚁上树

烹饪时间　5 分钟

做法

1 洗好的粉丝切段，备用。

2 用油起锅，倒入肉末，翻炒松散，至其变色。

3 淋入适量料酒，炒匀提味，放入蒜末、葱花，炒香。

4 加入豆瓣酱、生抽，略炒片刻，放入粉丝段，翻炒均匀。

5 加入适量陈醋、盐、鸡粉，炒匀。

6 放入朝天椒末、葱花，炒匀，关火后盛出即可。

原料

肉末……200 克
水发粉丝……300 克
朝天椒末……少许
蒜末……少许
葱花……少许

调料

料酒……10 毫升
豆瓣酱……15 克
生抽……8 毫升
陈醋……8 毫升
盐……2 克
鸡粉……2 克
食用油……适量

5 人份

金银满屋

烹饪时间 8分钟

原料

带子肉……150克
日本豆腐……200克
鸡蛋液……60克
姜片……少许
生菜……40克
红椒……30克
腰果……30克
淀粉……30克

调料

盐……3克
白糖……3克
芝麻油……5毫升
生抽……5毫升
料酒……5毫升
水淀粉……适量
食用油……适量

做法

1 将日本豆腐切成厚片，红椒切块。

2 鸡蛋打入碗中，搅散，倒入日本豆腐，拌匀，夹出日本豆腐，裹上淀粉，装盘备用。

3 热锅注油烧热，倒入腰果，炸至金黄色，捞出；放入日本豆腐，炸至金黄色，捞出待用。

4 另起锅，注油烧热，倒入姜片爆香，倒入带子肉、红椒，炒匀，加入料酒、适量清水、生抽、盐、白糖，拌匀调味。

5 倒入日本豆腐，煮至浓稠，用水淀粉勾芡，浇上芝麻油，拌匀，盛入摆有生菜叶的盘中，放上腰果即可。

肉炒鸡腿菇

烹饪时间 12 分钟

做法

1 洗净的鸡腿菇切片；瘦肉切片，装入碗中，放入盐、鸡粉、白胡椒、料酒、水淀粉，腌渍 10 分钟。

2 锅中注水烧开，倒入鸡腿菇片，汆至断生后捞出，沥干水分。

3 热锅注油烧热，放入肉片，炒至转色，加入姜片、葱段、蒜末，爆香，淋入料酒，炒匀。

4 倒入鸡腿菇，放入生抽，翻炒匀，加入盐、鸡粉，翻炒调味。

5 放入适量水淀粉，翻炒收汁，将炒好的菜盛入盘中即可。

原料

鸡腿菇……320 克
瘦肉……180 克
姜片……适量
葱段……适量
蒜末……适量

调料

料酒……10 毫升
盐……3 克
鸡粉……4 克
水淀粉……8 毫升
白胡椒粉……适量
食用油……适量

干锅五花肉娃娃菜

烹饪时间　8 分钟

[原料]

娃娃菜……250 克
五花肉……280 克
洋葱……80 克
蒜头……30 克
干辣椒……20 克
豆瓣酱……40 克
葱花……少许
姜片……少许

[调料]

料酒……5 毫升
生抽……5 毫升
盐……2 克
鸡粉……2 克
食用油……适量

[做法]

1 洗净的洋葱切丝，洗好的娃娃菜切小段，洗净的五花肉切片。

2 开水锅中倒入娃娃菜，焯片刻，捞出待用。

3 取一干锅，放入洋葱丝。

4 用油起锅，倒入五花肉片，炒匀，放入蒜头、姜片，爆香。

5 加入干辣椒、豆瓣酱、料酒、生抽，炒匀。

6 倒入娃娃菜，炒匀，加入盐、鸡粉，煮约 3 分钟至熟。

7 关火后盛出炒好的菜肴，装入干锅中，撒上葱花，点上火加热即可。

炒肚片

烹饪时间　5 分钟

做法

1 洗净的青椒去籽切段，冬笋切成片，红椒去籽切小块，猪肚斜刀切片。

2 沸水锅中倒入冬笋、猪肚，汆片刻，捞出。

3 热锅注油烧热，倒入葱段、姜片、蒜片，爆香，倒入冬笋、猪肚、青椒、红椒，炒匀。

4 加入料酒、适量清水，拌匀，加入盐、鸡粉、水淀粉，充分拌匀。

5 关火后盛出炒好的菜肴，装入盘中即可。

原料

猪肚……170 克
青椒……40 克
红椒……50 克
去皮冬笋……70 克
姜片……少许
葱段……少许
蒜片……少许

调料

盐……3 克
鸡粉……3 克
水淀粉……5 毫升
料酒……5 毫升
食用油……适量

小炒牛肉

烹饪时间 12 分钟

原料

牛肉……300 克
红椒……60 克
香菜……10 克
朝天椒……5 克
姜片……少许
葱段……少许
蒜末……少许

调料

盐……6 克
鸡粉……6 克
胡椒粉……3 克
白糖……3 克
生抽……10 毫升
料酒……10 毫升
芝麻油……5 毫升
水淀粉……5 毫升
食用油……适量

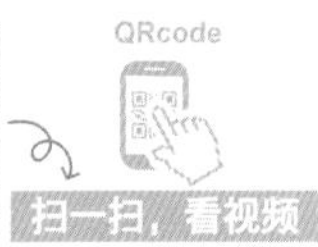

做法

1 洗净的朝天椒切成圈，红椒切成块，香菜切段，牛肉切薄片。

2 碗中倒入牛肉，加入适量盐、鸡粉、胡椒粉、料酒、水淀粉，搅拌片刻，腌渍 10 分钟。

3 沸水锅中倒入腌好的牛肉，煮至转色，捞出待用。

4 热锅注油烧热，倒入朝天椒、葱段、姜片、蒜末，爆香，倒入牛肉、红椒，拌炒片刻。

5 加入料酒、生抽、盐、鸡粉、白糖，用水淀粉勾芡。

6 倒入香菜，淋上芝麻油，充分炒匀，关火后将菜肴盛入盘中即可。

香辣宫保鸡丁

烹饪时间　3 分钟

做法

1 洗净的黄瓜切丁；处理好的鸡胸肉切丁，装入碗中，加适量盐、鸡粉、白胡椒粉、料酒、生粉，搅拌均匀。

2 热锅注入食用油烧热，放入鸡丁，搅拌，倒入黄瓜，将食材滑油后捞出，待用。

3 热锅注油烧热，倒入姜片、蒜末、干辣椒，爆香，放入鸡丁、黄瓜，炒匀，淋入料酒、生抽，快速翻炒匀。

4 放入盐、鸡粉、白糖、陈醋，翻炒调味，注入少许清水，炒匀，倒入水淀粉，翻炒收汁。

5 倒入葱段、花生米，炒匀，淋入辣椒油，翻炒匀，关火后盛出即可。

原料

鸡胸肉……250 克
花生米……30 克
干辣椒……30 克
黄瓜……60 克
生粉……15 克
葱段……少许
姜片……少许
蒜末……少许

调料

盐、白糖……各 3 克
鸡粉……4 克
陈醋……4 毫升
水淀粉……4 毫升
生抽……5 毫升
料酒……8 毫升
白胡椒粉……2 克
辣椒油、食用油……各适量

菠萝炒鸭片

烹饪时间　7 分钟

[原料]

去骨鸭肉……300 克
去皮菠萝……150 克
子姜……50 克
葱段……少许
蒜末……少许
鸡蛋清……40 克
朝天椒……20 克

[调料]

料酒……5 毫升
生抽……5 毫升
盐……3 克
鸡粉……3 克
白胡椒粉……3 克
水淀粉……10 毫升
食用油……适量

[做法]

1 洗净的子姜切成片；菠萝切去梗部，将菠萝肉切成厚片；朝天椒切小圈；鸭肉切薄片。

2 碗中放入鸭肉片，加入适量盐、料酒、白胡椒粉、鸡蛋清、水淀粉，拌匀，腌渍 5 分钟。

3 热锅注油烧热，倒入鸭肉片，油炸至转色，捞出待用。

4 另起锅注油烧热，倒入子姜片、朝天椒圈、蒜末、葱段，爆香。

5 倒入鸭肉片，拌匀，加入适量料酒、盐、鸡粉、生抽，炒匀。

6 倒入菠萝片，充分拌匀至入味，关火后盛出即可。

香辣小黄鱼

烹饪时间　17 分钟

做法

1 往处理好的小黄鱼中加入料酒、盐、胡椒粉、水淀粉，搅匀，腌渍 10 分钟。

2 热锅注入适量食用油烧热，放入小黄鱼，用小火炸至金黄色，捞入盘中，待用。

3 锅底留油，放入八角、桂皮、姜片，爆香。

4 加入干辣椒、料酒、生抽、适量清水、盐、白糖、陈醋，搅匀。

5 放入小黄鱼，中火焖 5 分钟，加入辣椒油、葱花，翻炒片刻，关火后盛出即可。

原料

小黄鱼……350 克
干辣椒……8 克
八角……少许
桂皮……少许
葱花……少许
姜片……少许

调料

生抽……5 毫升
料酒……6 毫升
白糖……3 克
盐……2 克
辣椒油……3 毫升
陈醋……3 毫升
食用油、胡椒粉……各适量

6人份 江南鱼末

烹饪时间 7分钟

原料

鲈鱼……250克
豌豆……50克
玉米粒……50克
黄瓜……60克
松仁……15克
胡萝卜……40克
红椒……40克
葱段……少许
姜末……少许

调料

料酒……5毫升
盐……2克
鸡粉……2克
水淀粉……4毫升
食用油……适量
胡椒粉……适量

做法

1 黄瓜切片，红椒切菱形块，胡萝卜切丁。

2 处理好的鲈鱼，取鱼肉切成丁，装碗，加盐、料酒、鸡粉、胡椒粉、水淀粉，腌渍5分钟。

3 备一个大盘子，将黄瓜片围着摆一圈，在每两片黄瓜之间摆上红椒，待用。

4 开水锅中倒入豌豆、玉米粒、胡萝卜，搅匀，汆至断生，倒入腌好的鱼肉，煮至沸，捞出食材。

5 热锅注油烧热，倒入松仁、葱段、姜末，爆香，放入汆好的食材，淋入料酒，翻炒匀。

6 加入盐、鸡粉，炒匀，淋入水淀粉，翻炒收汁，关火后盛出即可。

红烧鳕鱼炖萝卜

烹饪时间　27 钟

[做法]

1 白萝卜去皮切厚片；碗中倒入鳕鱼块，加适量盐、料酒、胡椒粉、花椒粒，拌匀，腌渍 10 分钟，再倒入打散的鸡蛋液、生粉，搅拌匀。

2 用油起锅，倒入鳕鱼块，煎至金黄色，盛出食材，装盘待用。

3 用油起锅，倒入葱段、蒜片、姜片，爆香，倒入白萝卜片，快速翻炒。

4 淋上生抽、清水，拌匀，用大火炖 10 分钟至熟软。

5 倒入鳕鱼块，续炖 5 分钟至入味，放入盐、鸡粉，搅匀调味，放入水淀粉，翻炒收汁，关火后盛出即可。

[原料]

白萝卜……155 克
鳕鱼块……200 克
鸡蛋……60 克
生粉……45 克
花椒粒……10 克
葱段……少许
姜片……少许
蒜片……少许

[调料]

盐……2 克
鸡粉……2 克
生抽……5 毫升
水淀粉……5 毫升
料酒……4 毫升
胡椒粉……适量
食用油……适量

炒鳝鱼

烹饪时间　10 分钟

[原料]

鳝鱼……100 克
干辣椒……20 克
洋葱……40 克
青椒……40 克
蒜末……少许
姜片……少许

[调料]

盐……2 克
鸡粉……2 克
料酒……5 毫升
生抽……4 毫升
水淀粉……适量
食用油……适量

[做法]

1 处理好的洋葱对切开，切成小块；洗净的青椒去籽，切成小块。

2 锅中注水烧开，倒入处理好的鳝鱼，汆去血水，捞出待用。

3 热锅注入适量食用油烧热，倒入备好的姜片、蒜末、干辣椒，爆香。

4 放入洋葱、青椒、鳝鱼，快速翻炒匀，淋入料酒、生抽，翻炒提鲜。

5 注入适量清水，炒匀，加入盐、鸡粉，翻炒调味，倒入适量的水淀粉，翻炒收汁。

6 关火后将炒好的鳝鱼盛出，装入盘中即可。

虾仁炒上海青

烹饪时间　10 分钟

做法

1 将上海青切小瓣，修齐根部；虾仁背部划一刀，装碗。

2 碗中放入 1 克盐、料酒、3 毫升水淀粉，拌匀，腌渍 5 分钟至入味。

3 用油起锅，倒入姜末、蒜末、葱段，爆香。

4 放入腌渍好的虾仁，翻炒数下。

5 倒入切好的上海青，翻炒约 2 分钟至食材熟透。

6 加入 1 克盐、鸡粉、3 毫升水淀粉，炒匀，关火后盛出摆盘即可。

原料

上海青……150 克
鲜虾仁……40 克
葱段……8 克
姜末……5 克
蒜末……5 克

调料

盐……2 克
鸡粉……1 克
料酒……5 毫升
水淀粉……6 毫升
食用油……适量

虾米干贝蒸蛋羹

烹饪时间　10 分钟

[原料]

鸡蛋……………………120 克
水发干贝………………40 克
虾米……………………90 克
葱花……………………少许

[调料]

生抽……………………5 毫升
芝麻油…………………适量
盐………………………适量

[做法]

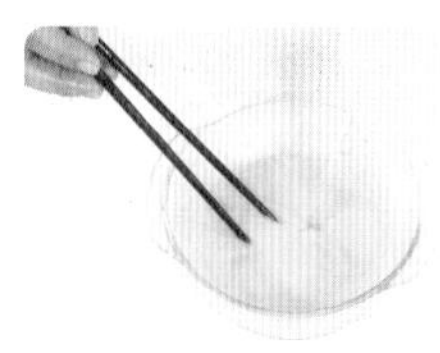

1 取一个碗，打入鸡蛋，搅散，加入少许盐、适量温水，搅匀，倒入蒸碗中。

2 蒸锅上火烧开，放上蛋液，盖上盖，中火蒸 5 分钟至熟。

3 揭盖，在蛋羹上撒上虾米、干贝，续蒸 3 分钟至入味。

4 取出蛋羹，淋上适量生抽、芝麻油，撒上少许葱花即可。

Part 6

饭后甜品

沁入心间的浓情蜜意

没有甜品的宴席是不完整的宴席。一道浸满了主人浓情蜜意的甜品，如同绚丽多姿的魔法，沁入心间，带给味蕾无限惊喜，让客人在甜蜜中触摸幸福，在芳香中感受宠爱，同时也将宴席间的浓情蜜意继续传递。

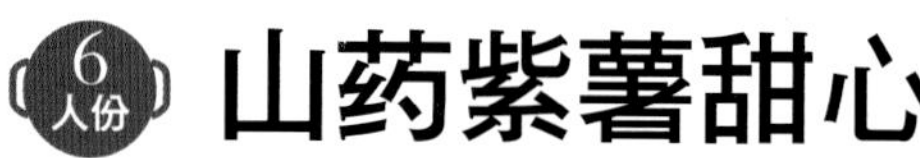

山药紫薯甜心

烹饪时间　35 分钟

原料

山药块……200 克
紫薯块……200 克

调料

白糖……15 克
炼奶……30 克

做法

1 备好电蒸锅，烧开水后放入山药块和紫薯块。

2 盖上盖，蒸约 30 分钟，至食材熟透。

3 断电后揭盖，取出蒸熟的山药和紫薯，放凉待用。

4 将放凉的山药去皮，加入炼奶，紫薯配上白糖，压碎，制成山药泥与紫薯泥。

5 再取两个模具，分别放入山药泥和紫薯泥，压紧。

6 最后将做好的甜心脱模，放在盘中，摆好盘即可。

一品山药

烹饪时间 18分钟

[原料]

山药……300克

红豆沙馅……45克

[调料]

食用油……少许

蓝莓酱……30克

桂花蜜……20克

[做法]

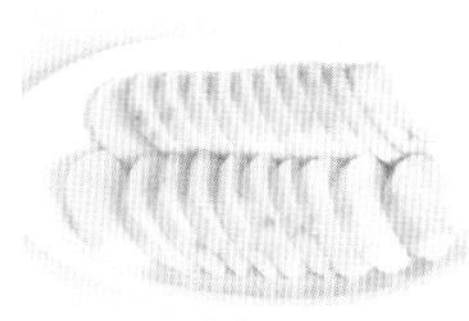

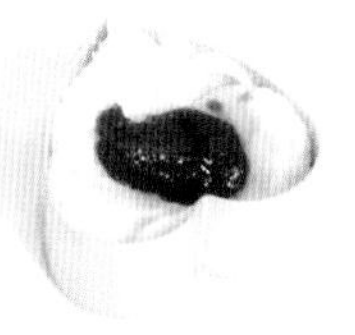

1 山药去皮，用清水清洗干净，切成块，待用。

2 将山药放入蒸锅，盖上盖，蒸15分钟，取出，放入保鲜袋中，用擀面杖擀成泥，待用。

3 备好心型磨具，刷上一层油，挤入山药泥至八分满，放入备好的红豆沙陷。

4 再挤入适量山药泥，用勺子抹平，依此压出数个模型，装盘，再分别浇上蓝莓酱和桂花蜜即可。

6 人份

细沙炒八宝

烹饪时间 35 分钟

[原料]

糯米……250 克
红豆沙……120 克
红枣……25 克
杏仁……12 克
腰果……20 克
花生仁……20 克
瓜子仁……20 克
核桃仁……20 克
葡萄干……20 克
山楂糕……20 克
水发莲子……30 克
黄瓜片……少许

[调料]

冰糖……35 克
白糖……15 克
食用油……适量

[做法]

1 将水发莲子取出莲子芯，再切成碎；红枣去核，切成碎。

2 将核桃仁、腰果、花生仁先用刀背拍一下，再切碎；把山楂糕切小方块，杏仁切成碎，瓜子仁切成碎。

3 碗中倒入糯米，注入适量清水放入蒸锅中，蒸 30 分钟后取出。

4 热锅中加入适量清水、冰糖，拌炒至沸，放入红豆沙、糯米，炒至收汁。

5 放入切碎的食材，翻炒均匀，盛至心型的磨具中，铺满，倒扣在装饰有黄瓜片的盘中。

6 撒上少许白糖、杏仁碎、瓜子仁碎、花生仁碎、核桃仁碎、山楂糕块、葡萄干即可。

莲子山药泥

烹饪时间 11 分钟

做法

1 熟山药放进保鲜袋中，使用擀面杖擀成泥，待用。

2 将山药泥放入备好的盘中，中间挖个洞，放入红豆沙，将洞盖住。

3 放入莲子、葡萄干，浇上酸梅酱。

4 将食材放入蒸锅中，盖上盖子，蒸10 分钟。

5 揭开盖子，取出盘子即可。

原料

熟山药......................200 克
熟莲子........................25 克
红豆沙馅....................25 克
酸梅酱........................45 克
葡萄干........................15 克

黑米莲子糕

烹饪时间　31 分钟

[做法]

1 备好的一个碗，倒入黑米、糯米、白糖，拌匀。

2 将拌好的食材倒入模具中，再摆上莲子。

3 将剩余的食材依次倒入模具中，摆上莲子，备用。

4 电蒸锅注水烧开上气，放入米糕。

5 盖上锅盖，调转旋钮定时 30 分钟。

6 待 30 分钟后掀开锅盖，将米糕取出即可。

[原料]

水发黑米……………100 克
水发糯米……………50 克
莲子……………适量

[调料]

白砂糖……………20 克

5人份 莲子糯米糕

烹饪时间 32分钟

[原料]

水发糯米..........270 克

水发莲子..........150 克

[调料]

白糖......................适量

扫一扫，看视频

[做法]

1 锅中注水烧热，倒入洗净的莲子，煮至变软后捞出，装盘待用。

2 放凉后剔除芯，碾碎成粉末状，加入糯米，混匀，注入少许清水。

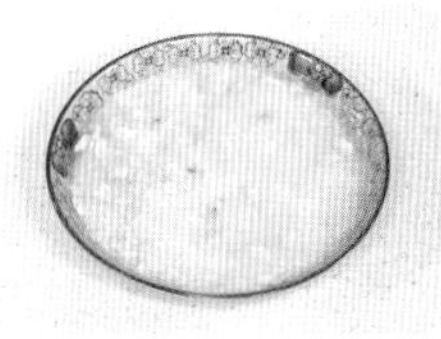

3 将食材转入蒸盘中，铺开、摊平。

4 蒸锅中注水烧开，放入蒸盘，大火蒸 30 分钟至食材熟透。

5 关火后取出蒸好的材料，放凉后盛入模具中，修好形状。

6 将食材摆放在盘中，脱去模具，食用时撒上少许白糖即可。

蒸红糖马蹄糕

烹饪时间　2 小时 30 分钟

原料

马蹄……80 克
马蹄粉……120 克

调料

片糖……150 克

做法

1 洗净去皮的马蹄切碎；将马蹄粉倒入碗中，注入少许清水，搅匀。

2 锅中注水烧热，放入片糖，搅拌煮至融化，倒入马蹄碎，搅拌均匀。

3 将熬好的汤汁放凉后倒入马蹄粉内，搅匀。

4 备好一个蒸盘，倒入调好的马蹄液，封上保鲜膜。

5 电蒸锅注水烧开上气，放入马蹄糕，盖上锅盖，蒸 30 分钟，将马蹄糕取出，去掉保鲜膜，放凉后放入冰箱冷藏 1 ~ 2 小时。

6 待时间到将马蹄糕取出切成片，装入盘中摆好即可。

山药脆饼

5人份

烹饪时间 55分钟

[做法]

1 山药切块，装碗，放入电蒸锅中蒸20分钟，取出山药，放入保鲜袋中。

2 用擀面杖将山药碾成泥，取出，放入大碗中，倒入80克面粉、适量清水，搅拌均匀。

3 将拌匀的山药泥及面粉倒在案台上，揉搓成面团，套上保鲜袋，饧发30分钟。

4 取出面团，撒上面粉，搓成长条状，压成圆饼状，撒上面粉，擀成面皮，放入豆沙，收紧开口，压成生坯。

5 用油起锅，放入饼坯，煎至两面焦黄，脆饼熟透，装盘，撒上白糖即可。

[原料]

面粉……90克
去皮山药……120克
豆沙……50克

[调料]

白糖……30克
食用油……适量

香蕉松饼

烹饪时间　3 分钟

[原料]

香蕉……255 克
低筋面粉……280 克
鸡蛋……1 个
圣女果……30 克
泡打粉……35 克
牛奶……100 毫升

[调料]

食用油……适量

[做法]

1 将一半香蕉去皮，切段，切碎；另一半香蕉去皮，切成段。

2 洗净的圣女果对半切开。

3 将香蕉段、圣女果摆放在盘中，香蕉碎装入小碗。

4 取一个碗，倒入低筋面粉、泡打粉、香蕉碎、鸡蛋、牛奶，搅拌匀，制成面糊。

5 用油起锅，倒入面糊，煎至定型后翻面，煎至两面呈金黄色。

6 关火后将松饼盛出，装入摆有香蕉段、圣女果的盘中即可。

8人份 红薯糙米饼

烹饪时间　20 分钟

[原料]

红薯片..............200 克
蛋清................50 毫升
糙米粉..............150 克

[做法]

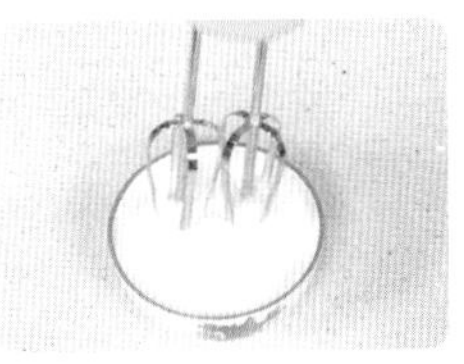

1 蒸锅中注水烧开，放上红薯片，蒸 15 分钟至熟。

2 碗中加入蛋清，搅拌至鸡尾状，待用。

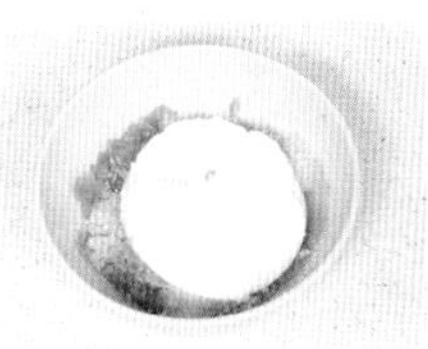

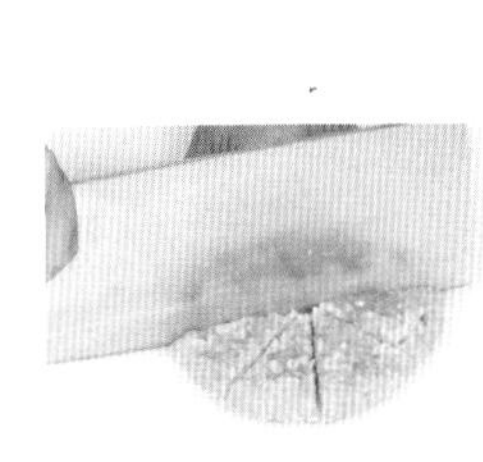

3 取出蒸好的红薯，装碗，用勺子压成泥。

4 倒入糙米粒及打发好的蛋清，将食材拌至成浆糊，装盘待用。

5 热锅中放入浆糊，戴上一次性手套，用手压制成饼。

6 烙约 4 分钟至两面金黄，盛出，放在砧板上，切成扇形，装入盘中即可。

拔丝鸡蛋

烹饪时间　4 分钟

[原料]

白糖……50 克
鸡蛋……120 克
熟白芝麻……8 克

[调料]

水淀粉……10 毫升
食用油……适量

[做法]

1 鸡蛋打入碗中，加入水淀粉，搅匀；热锅中倒入三分之二的鸡蛋液，煎成薄饼，往中间叠起来。

2 往鸡蛋饼两端各淋上 5 克的鸡蛋液，再次对折起来，稍煎片刻，盛出，放凉后切成方块形。

3 将鸡蛋饼放入余下的鸡蛋液中，充分裹上鸡蛋液，待用。

4 热锅注油烧热，倒入鸡蛋块，油炸至膨胀，捞出待用。

5 另起锅，加适量清水、食用油、白糖，边熬煮边搅拌，至白糖溶化变成深红色同时产生大量的气泡。

6 倒入炸好的鸡蛋块、熟白芝麻，拌匀，将鸡蛋块盛入盘中即可。

香草草莓生巧克力

烹饪时间 4 小时 10 分钟

做法

1 往备好的碗中倒入豆浆粉、香草粉、适量的椰子油，拌匀。

2 注入适量的凉开水，倒入蜂蜜，搅拌至浓稠。

3 用保鲜膜盖上封严，放在冰箱冷藏5分钟。

4 撕开保鲜膜，将其倒入备好的模具中，再次放入冰箱冷藏4个小时。

5 取出模具，放上草莓粉即可。

原料

香草粉……10 克
草莓粉……25 克
豆浆粉……35 克

调料

椰子油……适量
蜂蜜……30 克

脆皮水果巧克力

烹饪时间　12 小时 10 分钟

[原料]

圣女果........................80 克
香蕉..........................150 克
可可粉........................25 克

[调料]

蜂蜜..........................25 克
椰子油...................40 毫升

[做法]

1 香蕉去皮，切成厚片；洗净的圣女果去蒂。

2 用牙签将香蕉片串上，摆放在盘子周围。

3 同样用牙签将圣女果串好摆放在盘中，放入冰箱冷冻室，冷冻 12 个小时至表面挂霜。

4 往备好的碗中，倒入可可粉、椰子油，拌匀，倒入蜂蜜，拌匀，制成脆皮酱待用。

5 取出冷冻好的香蕉和圣女果，表面包裹上一层脆皮酱。

6 将裹好的水果摆放在盘中，待脆皮酱凝固成型后即可食用。

芒果黑糯米甜甜

烹饪时间 32 分钟

[做法]

1 洗净的芒果去核，去皮，取肉，切块。

2 取空碗，倒入泡好的糯米、黑米，注入适量清水至稍稍没过食材，搅匀待用。

3 电蒸锅注水烧开，放入食材，盖上盖，蒸 30 分钟。

4 另取豆浆机，倒入芒果块，加入酸奶，启动豆浆机，榨约 30 秒成芒果汁；取下机头，将榨好的芒果汁倒入碗中，待用。

5 揭开电蒸锅，取出食材，将食材捏成团，放在芒果汁里即可。

[原料]

芒果……140 克
水发糯米……90 克
水发黑米……90 克
酸奶……60 克

酸奶水果沙拉

烹饪时间　21 分钟

做法

1 洗净去皮的哈密瓜切成小块；火龙果取肉，切成小块，待用。

2 洗净的苹果切开，去皮，去核，切成小块；圣女果对半切开。

3 备好一个碗，将切好的水果整齐地码入碗中，用保鲜膜将果盘包好，放入冰箱冷藏 20 分钟。

4 备一个小碗，放入酸奶、蜂蜜、柠檬汁，搅匀。

5 待 20 分钟后，将其取出，去除保鲜膜。

6 将调好的酸奶酱浇在水果上即可。

原料

哈密瓜……100 克
火龙果……100 克
苹果……100 克
圣女果……50 克
酸奶……100 毫升

调料

蜂蜜……适量
柠檬汁……适量

3人份 糖蒸酥酪

烹饪时间 13分钟

[原料]

醪糟……150克
牛奶……80毫升
杏仁……30克
鲜山楂……30克

[调料]

冰糖……50克

扫一扫，看视频

[做法]

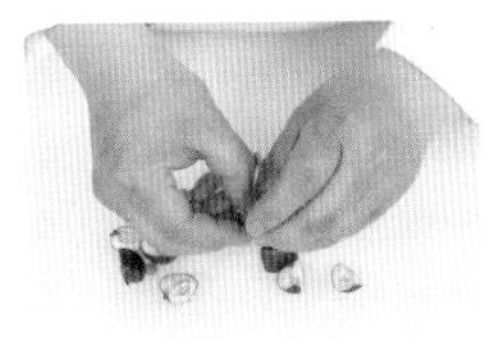

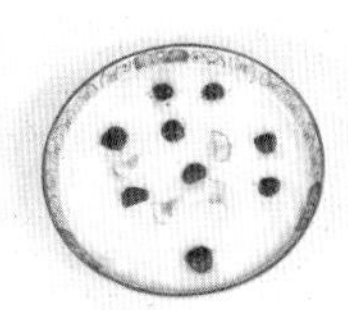

1 洗净的山楂切开，去籽，切成小块。

2 砂锅中注入适量清水烧开，倒入牛奶、冰糖，搅拌均匀，煮至开。

3 放入杏仁、醪糟，搅拌匀，煮沸；关火后盛入盘中，再放上山楂。

4 电蒸锅注水烧开，放入食材，盖上锅盖，蒸10分钟；揭开锅盖，取出即可。

汤圆核桃露

烹饪时间　30 分钟

[原料]

汤圆生坯……………200 克
粘米粉…………………60 克
核桃仁…………………30 克
红枣……………………35 克

[调料]

冰糖……………………25 克

[做法]

1 将核桃仁切小块；红枣取果肉，切小块；粘米粉用清水调成生米浆。

2 取蒸碗，倒入红枣、适量清水，放入蒸锅中蒸 20 分钟，取出，放凉待用。

3 取榨汁机，放入核桃仁、蒸好的食材，榨好后将汁水滤入玻璃杯中，待用。

4 锅置火上，倒入汁水，用大火略煮，撒上冰糖，煮至糖分溶化，再倒入生米浆，拌匀，煮至熟透；盛出材料，装入碗中，即成核桃露，待用。

5 另起锅，注水烧开，放入汤圆生坯，煮约 4 分钟至汤圆熟透。

6 关火后盛出煮好的汤圆，放入核桃露中即可。

木瓜银耳炖牛奶

烹饪时间 50分钟

[做法]

1 将木瓜切块；泡好的银耳切去黄色根部，再切块，待用。

2 砂锅注水烧热，倒入银耳块、泡好的莲子，搅匀，放入冰糖。

3 加盖，用大火煮开后转小火炖 30 分钟；揭盖，放入木瓜块、枸杞、牛奶，拌匀。

4 加盖，炖 15 分钟至甜品汤入味；揭盖，关火后盛出炖好的甜品汤，装碗即可。

[原料]

去皮木瓜……135克
水发银耳……100克
水发枸杞……15克
水发莲子……70克
牛奶……100毫升

[调料]

冰糖……45克

莲子百合甜汤

烹饪时间 2小时5分钟

原料

水发银耳……40克
水发百合……20克
枸杞……5克
水发莲子……30克

调料

冰糖……15克

做法

1 银耳切去根部，切成碎。

2 备好焖烧罐，倒入银耳、百合、莲子，注入刚煮沸的开水至八分满。

3 旋紧盖子，摇晃片刻，静置1分钟，使食材和焖烧罐充分预热。

4 揭盖，将开水倒出，加入枸杞、冰糖，再次注入沸水至八分满。

5 旋紧盖子，摇晃片刻，使食材充分混匀，焖烧2个小时。

6 揭盖，将焖烧好的甜汤盛出，装入碗中即可。

肉桂茶

烹饪时间　2 小时 35 分钟

[做法]

1 生姜去皮，切成片，待用。

2 热锅注水烧热，放入姜片，盖上盖，大火煮 9 分钟至沸腾，转中火煮 1 小时；揭盖，将煮好的姜水倒入筛网中，过滤待用。

3 热锅注水，放入桂皮，盖上盖，大火煮 9 分钟转中火续煮 1 小时；揭盖，将煮好的桂皮水倒入筛网中，过滤待用。

4 洗净的柿饼去蒂，将核桃塞进柿饼里面，把柿饼切成块，待用。

5 热锅倒入姜汁水、桂皮水、黄糖、白糖，搅匀，大火煮 15 分钟，将茶水盛入杯子中，放入柿饼、松仁即可。

[原料]

生姜……100 克
整枝桂皮……1 支
柿饼……1 个
核桃……25 克
松仁……5 克

[调料]

黄糖……60 克
白糖……100 克

牛奶西瓜饮

烹饪时间　2分钟

原料

西瓜……100克
牛奶……50毫升

做法

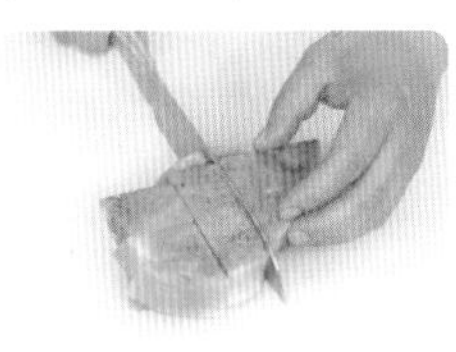

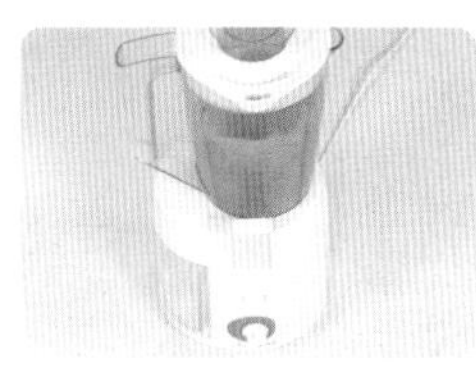
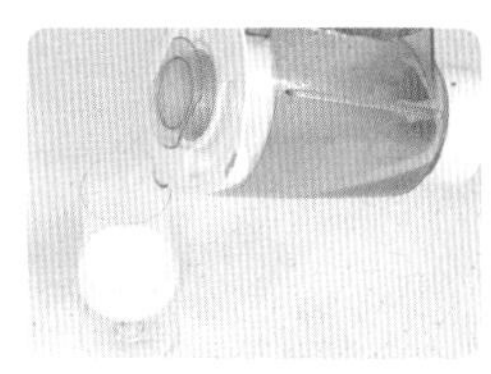

1 处理好的西瓜去皮取肉，切成大块，待用。

2 取榨汁机，倒入西瓜块，注入适量的凉开水。

3 盖上盖，启动榨汁机榨取果汁。

4 掀开盖，将果汁倒入装有牛奶的杯中，倒入备好的冰块即可饮用。

1人份 鲜奶玉米汁

烹饪时间 3分钟

做法

1 备好榨汁机，倒入洗净的玉米粒。

2 注入备好的鲜奶，加入少许清水。

3 盖上盖，调转旋钮，开始榨汁。

4 将榨好的玉米汁倒入滤网，滤入碗中，待用。

5 热锅中倒入过滤好的玉米汁。

6 持续搅拌至玉米汁煮沸。

7 将煮好的玉米汁盛入杯子即可。

原料

鲜奶……60毫升
玉米粒……80克

樱桃黄瓜汁

烹饪时间　1 分钟

[做法]

1 黄瓜对半切开，切条，切小段。

2 洗净的樱桃对半切开，去核，待用。

3 备好榨汁机，放入去核的樱桃、切好的黄瓜。

4 注入少许清水至刚好没过食材。

5 盖上盖，榨约 20 秒成樱桃黄瓜汁。

6 揭开盖，将榨好的樱桃黄瓜汁倒入杯中即可。

[原料]

樱桃............................90 克
去皮黄瓜..................110 克

1人份 彩虹果汁

烹饪时间 4分钟

[原料]

去皮菠萝 80克
去皮猕猴桃 75克
樱桃小番茄 65克
牛奶 50毫升

[调料]

蜂蜜 30克

[做法]

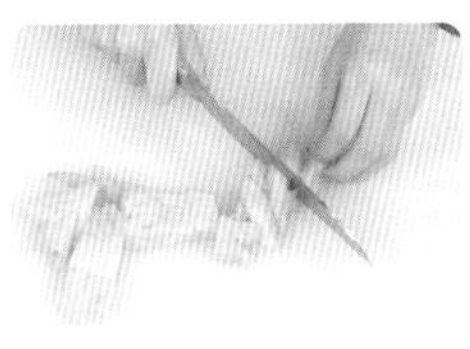

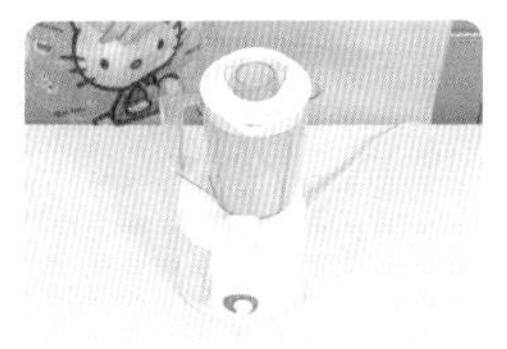

1 菠萝切块，猕猴桃切块，樱桃小番茄对半切开，待用。

2 取出榨汁机，倒入菠萝块，注水，榨成菠萝汁。

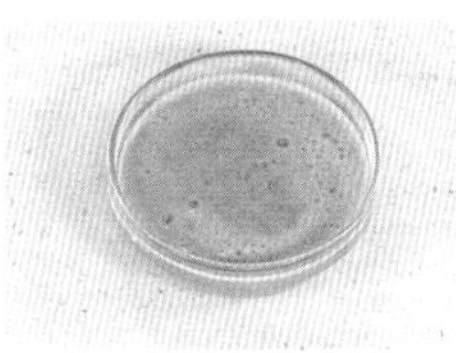

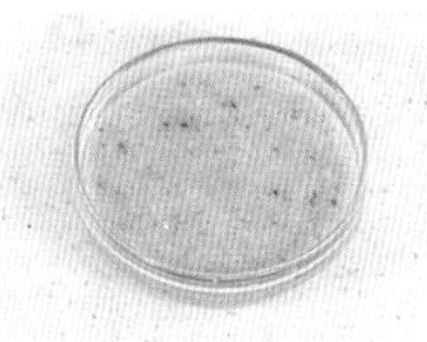

3 将小番茄放入洗净的榨汁杯中，加适量凉开水，榨成汁，装入碗中，待用。

4 将猕猴桃榨成汁，倒入碗中，待用。

5 取空杯，倒入牛奶，加入榨好的猕猴桃汁。

6 倒入菠萝汁，放入番茄汁，最后淋上蜂蜜即可。

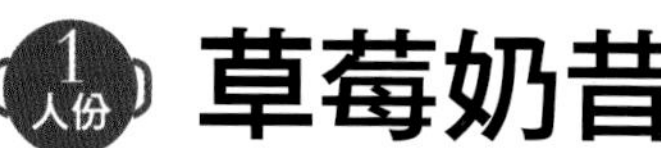

1人份 草莓奶昔

烹饪时间 1分钟

[原料]

草莓……80克
炼奶……40克
牛奶……80毫升

[做法]

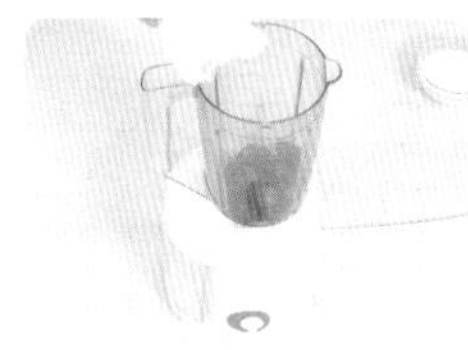

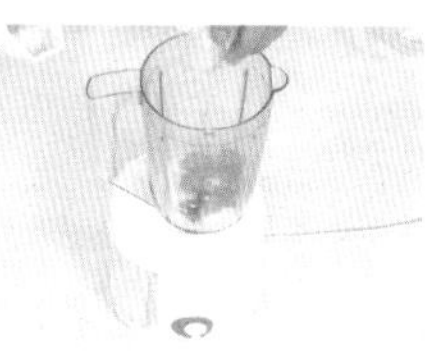

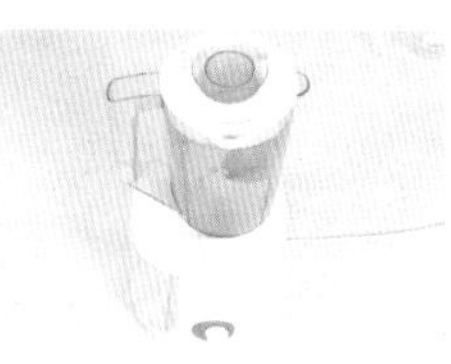

1 备好榨汁杯，倒入洗净的草莓。

2 倒入牛奶、炼奶，注入适量的清水。

3 加盖，将榨汁杯安在底座上，启动榨汁机，开始榨汁。

4 待榨好，将奶昔倒入杯中即可。